鲜食玉米
优质栽培与加工

XIANSHI YUMI YOUZHI ZAIPEI YU JIAGONG

刘开昌　龚魁杰　主编

中国科学技术出版社
·北 京·

图书在版编目（CIP）数据

鲜食玉米优质栽培与加工 / 刘开昌，龚魁杰主编 . —北京：
中国科学技术出版社，2018.12（2023.11 重印）

ISBN 978-7-5046-8114-0

Ⅰ.①鲜… Ⅱ.①刘… ②龚… Ⅲ.①玉米—栽培技术
②玉米—粮食加工 Ⅳ.① S513

中国版本图书馆 CIP 数据核字（2018）第 180963 号

策划编辑	乌日娜
责任编辑	王绍昱
装帧设计	中文天地
责任校对	焦　宁
责任印制	马宇晨

出　　版	中国科学技术出版社
发　　行	中国科学技术出版社有限公司发行部
地　　址	北京市海淀区中关村南大街16号
邮　　编	100081
发行电话	010-62173865
传　　真	010-62173081
网　　址	http://www.cspbooks.com.cn

开　　本	889mm×1194mm　1/32
字　　数	104千字
印　　张	4
版　　次	2018年12月第1版
印　　次	2023年11月第2次印刷
印　　刷	北京长宁印刷有限公司
书　　号	ISBN 978-7-5046-8114-0 / S·737
定　　价	18.00元

本书编委会

主 编

刘开昌　龚魁杰

副主编

李宗新　张发军　陈利容　张　慧

编 者

（按姓氏笔画排序）

卜德强　王旭清　王　鹏　方志军　孔玮琳

代红翠　刘开昌　刘　宾　祁国栋　孙琳琳

李　青　李宗新　李晓月　张发军　张成华

张　慧　陈利容　夏海勇　钱　欣　龚魁杰

韩　伟

Contents 目 录

第一章
概　述

一、鲜食玉米起源与发展

（一）起　源

玉米原产于中美洲和南美洲，早在公元前 5300 年前后，古印第安人在墨西哥南部开始种植。

玉米传入我国后，直到明末，主要种植在新开发的山区。到了清朝乾隆、嘉庆年间，随着人口的大幅度增加，为实现粮食自给才开始大面积种植玉米，到了清朝后期玉米已经成为各地常见的粮食作物。随着人们生活水平的提高和种植结构的调整，目前玉米已基本退出了食用作物舞台，转向以饲料和加工用途为主。

玉米在我国能得到大面积种植，一个重要原因就是其能"乘青半熟，先采而食"，以解燃眉之急，因此鲜食玉米的发展历史一直伴随着玉米的发展进程。不过在很长的时期里，鲜食玉米并不是玉米属的一个种类，直至糯玉米和甜玉米的出现。

1. 糯玉米的出现　糯玉米是玉米属的一个亚种，由玉米第九条染色体 WX 基因发生突变而产生。云南、广西一带的傣族、哈尼族有喜爱黏食的习俗，在他们长期的栽培实践中选择黏食型玉米突变体培育而成的糯玉米，是各类型玉米中唯一起源于中国的类型。

1908 年上海的美国长老会传教士 Rev. J. M. W. Farnharm 把这种蜡质型黏玉米（糯玉米）种子寄给了美国外国种子引种处，并在便条上写道："这是一种特殊的玉米，有几种颜色，但中国人说这几种颜色的玉米都是同一个品种。这种玉米比其他玉米黏得多，在我看来，可能会发现它有些用途，或许可以做粥吃。"1908年 5 月 9 日植物学家 G.N. 柯林斯把寄来的玉米种子在美国首都华盛顿附近种植，其中有 53 株成熟，他记载了这些植株的全部特征和籽粒胚乳的组成，于 1909 年 12 月在美国农业部新闻简报发表。就这样，蜡质型玉米被作为一种遗传的珍品而得到保存和研究。

2. 甜玉米的出现　甜玉米起源于美洲大陆，世界上种植和食用甜玉米已有 100 多年的历史。甜玉米携带与碳水化合物代谢有关的隐性突变基因。根据遗传类型和胚乳特性，甜玉米分为普通型甜玉米、超甜型甜玉米（又称水果甜玉米）和加强型甜玉米3 种。

（二）发　展

1. 糯玉米的发展　蜡质玉米出现后在美国的主要用途是作为食品用的增稠剂和邮票、信封的黏着剂，也用于增加杂志纸面的光滑度，作为支链淀粉来源而得到一定程度的应用，但发展规模不大。到第二次世界大战时，由于日本切断了木薯的供应，加工者开始把支链淀粉主要来源转向蜡质玉米，蜡质玉米因而得到发展。但蜡质玉米在美国并没有形成鲜食应用的市场。

鲜食用途的糯玉米发展起源于东亚地区，得益于东亚地区居民有喜食鲜嫩青穗的传统。韩国较早开展鲜食糯玉米的研究与生产，目前已经有十几个品种获得了推广，韩国也一度成为鲜食糯玉米的主要生产国和出口国。但随着农业人口向首尔等大城市的转移，韩国鲜食糯玉米种植业和加工业出现下降，每年从我国进口的鲜食糯玉米逐渐增多。

我国鲜食糯玉米的发展始自20世纪80年代，起因于消费者对健康饮食的追求，因鲜食糯玉米口感香甜、糯软、适口性强而得到快速传播，种植面积快速扩大。据初步统计，目前我国鲜食糯玉米种植面积已由21世纪初的7万公顷增加到70万公顷以上，产量约达1500万吨，规模以上加工企业超过2000家，已成为生产和消费大国。糯玉米在花色上有白色、黄色、紫色、绿色、黑色、红色、花色等多种颜色；在熟期类型上有早熟、中熟、晚熟等各类品种。

2. 甜玉米的发展 美国甜玉米育种及生产最早，日本、加拿大、韩国、泰国等国家发展也较快，我国大陆甜玉米育种起步较晚。

从20世纪80年代以来，通过育种专家们的不懈努力，一大批甜玉米优良杂交种相继问世，目前我国甜玉米育种业蓬勃发展，甜玉米种植面积的60%以上用的是国审品种。这些品种表现出增产潜力大、适应性广、抗逆性强等特点，深受市场的欢迎；有些品种品质好、种皮较薄、渣质较少、干物质含量较多，既可鲜食或作水果生食，又可速冻加工。

二、鲜食玉米营养保健价值

（一）主要营养成分

鲜食玉米被营养学家称为"黄金谷物""新型营养保健食品""长寿食品"。鲜食玉米含有氨基酸、维生素、微量元素等营养成分，食用价值远远高于完熟玉米籽粒，是一种较理想的营养平衡食品，单独食用即可获得较全面的营养。鲜食玉米与普通玉米干籽粒营养成分对比如表1-1所示。

表1-1　鲜食玉米与普通玉米干籽粒营养成分对比

项　目	鲜食糯玉米	鲜食甜玉米	普通玉米干籽粒
水　分	4.88	5.43	1
蛋白质	1.07	1.11	1
赖氨酸	1.24	1.04	1
脂　肪	1.48	1.47	1
淀　粉	0.84	0.64	1
可溶性糖	310	834.3	1
粗纤维	1.79	1.02	1
膳食纤维	3.23	2.95	1
灰　分	1.49	1.47	1
能　量	1.02	1.03	1
维生素 A	3.83	6.33	1
维生素 B_2	0.92	1.08	1
维生素 C	98.1	221.7	未检出
维生素 E	1.35	0.85	1
磷（P）	0.98	1.36	1
铁（Fe）	0.69	0.88	1
钙（Ca）	4.37	1.78	1

注：表中数据均系以普通玉米干籽粒为基数折算成的倍数。数据来源于《鲜食甜糯玉米的营养及其加工》。

（二）保健价值

目前，全谷物的保健价值已经获得了广泛认可。美国食品药品监督管理局（FDA）明确规定产品总重量的 51% 及以上为全谷物的食品，可以标示如下健康声明：富含全谷物膳食，低脂肪、低饱和脂肪酸和低胆固醇，可以降低患心脏病和特定癌症的风险。鲜食玉米毫无疑问归类于全谷物范畴，从表1-1可以看出来，其膳食纤维含量是普通玉米干籽粒的 3 倍左右。丰富的膳食纤维对于促进胃肠蠕动，降低血液胆固醇、甘油三酯和血糖，控制体重等，都具有重要作用。同时，鲜食玉米中含有的维生素 E 有促进细胞分裂、延缓衰老、降低血液胆固醇的作用。食用鲜食玉米时，连胚一起食用，摄入了大量的不饱和脂肪酸，对心脑血管有重要保健作用。近年的研究还发现，糯玉米是胰岛素不敏感者控制血糖的良好主食来源。

鲜食玉米为传统蒸煮食品，不用高温烘烤，不会因高温破坏营养成分或产生有害物质，有利于人体健康和营养获取；而且，啃食鲜食玉米锻炼了牙齿和面部肌肉，反复的咀嚼动作还能够促进唾液分泌，有利于食物的消化和吸收。

（三）彩色糯玉米生理活性

有研究发现，彩色糯玉米中含有丰富的类胡萝卜素、花青素、酚类化合物和生育酚，抗氧化活性突出，可降低患结肠癌、心肌缺血再灌注损伤、高脂血症的风险，具有抗炎效果，能够预防糖尿病和肥胖症。黄色糯玉米中含有大量的叶黄素和玉米黄质，是良好的抗氧化剂，对于眼睛有重要保健作用，还有防癌作用。彩色糯玉米的高生理活性不仅在传统食用区域，如亚洲的中国、韩国及东南亚得到了广泛重视，欧洲等非传统食用地区也成立了专门机构来促进消费者对彩色玉米的食用，以增进健康，降低患慢性疾病的风险。

彩色糯玉米不仅籽粒含大量的类胡萝卜素、花青素、酚类化合物和生育酚等生理活性物质，在穗轴、花丝和苞叶中其含量也极丰富。研究发现，紫色糯玉米花丝中的花青素含量超过籽粒、穗轴和苞叶，抗氧化活性最强。彩色糯玉米可开发成功能食品配料、化妆品和营养产品等，从而大幅度提高鲜食糯玉米的利用价值。

三、鲜食玉米应用

（一）初 加 工

鲜食玉米初加工主要包括鲜销和加工两种途径。鲜食玉米产业发达的美国，甜玉米鲜销占28%左右，速冻甜玉米棒占28%左右，加工甜玉米占44%左右。加工甜玉米主要是速冻甜玉米粒、甜玉米罐头和脱水甜玉米粒等，其中甜玉米罐头占70%～75%，速冻甜玉米粒25%～30%，脱水甜玉米粒的占比不大。

我国鲜食玉米产量每年约200亿穗，其中约20%不经加工直接鲜销，30%以速冻糯玉米棒形式贮藏用于反季节销售，其余约50%加工成真空包装形式。我国鲜食玉米加工企业达1 800多家，其中年产2 000吨以上的企业有200多家，年创造产值30亿元以上。近年来，我国鲜食玉米对韩国等国家的出口大幅增加，对欧美等传统上食用甜玉米的国家销量也有所增加。鲜食玉米正在成为世界性产品而受到更多的关注。

（二）深 加 工

鲜食糯玉米籽粒水分含量约为45%，淀粉含量达50%以上，组分构成不同于普通果蔬和甜玉米，更加接近于粮食，因此鲜食糯玉米完全具备粮食化应用的可能。在我国当前稻米、小麦粮食结构的大框架下，鲜食糯玉米的粮食化应用，可丰富人们的谷物饮食结构，避免传统主粮出现的高油、高糖缺陷，开拓粮食供给多元化途径，实现居民饮食向健康化、多元化转变。

鲜食玉米深加工的重点在于鲜食玉米的粮食化应用与开发。利用鲜食玉米的鲜食特性，将新鲜玉米籽粒磨碎成糊后，可直接制作煎饼、窝头等蕴含传统风味的特色产品；也可将其磨制成玉米浆液添加到小麦粉中制作面条、馒头等具有浓郁玉米风味的面食产品；还可适量添加到速冻面制品中，利用其黏度大、膨胀性强、凝沉性弱等特点，减少添加剂的使用，赋予速冻面制品独特的口感。

鲜食糯玉米果穗煮熟后具有柔软细腻、甜爽清香、皮薄无渣等特点，主要原因是糯玉米胚乳全部由支链淀粉组成。鲜食糯玉米采收后的果穗以及完熟糯玉米籽粒可用于发展深加工产业，作为很多食品的重要原料。与糯米相比，糯玉米产量较高，生产成本低。在我国传统食品生产方面，糯玉米可以替代糯米，如年糕、粽子、汤圆、麻团、饴糖以及各类米酒、白酒等食品，均可用糯玉米改进品质和控制成本，同时糯玉米还可广泛用作许多食品的填料和增稠剂、稳定剂。

糯玉米淀粉在食品工业中具有广泛的用途，面制品、调味食品、速冻食品、烘焙食品、糖果、膨化食品等添加糯玉米淀粉均可提高膨化度，改善组织结构，增强酥脆性和加工性，降低破碎率、吸潮性和吸油率，增加抗融性、咬劲和拉丝性，改善细腻口感，使食品光泽透明，提高冻融稳定性、透明度和保型性等，显著改善产品品质，提高产品获得率。

此外，糯玉米淀粉还可应用于非食品领域，如化妆品、制药、建筑、纺织、造纸业等诸多方面。

（三）秸秆青贮

青贮玉米一般在乳熟初期至蜡熟期收获，切碎加工后经过40～50天贮藏发酵，茎叶呈青绿色，并带有酸香糟味，可以随时取出饲喂牲畜，提高饲用价值。鲜食玉米采收时为乳熟末期，采收后少部分幼嫩果穗因成熟度不一致，失去继续采收价值，而秸秆生长正处于旺盛时期，植株组织尚未老化，含水量高，茎叶比普通玉米柔糯、光滑、叶缘毛刺少，营养丰富且适口性好。特别是深秋或初冬收割的鲜食玉米秸秆含糖量很高，茎秆甜如甘蔗，食草动物喜食用。

鲜食玉米鲜穗采收后 5～7 天为青贮的最佳时间。

四、鲜食玉米产业发展现状

鲜食玉米已成为国际上风行的休闲食品，在欧美鲜食玉米已成为和薯条、薯片并列的美食。据联合国粮农组织统计，美国、日本及欧盟国家是世界上最大的鲜食玉米消费国，以美国为例，人均年消费新鲜甜玉米 3.2 千克、冷冻甜玉米 1.2 千克、罐头甜玉米 6.1 千克。美国同时也是鲜食玉米生产大国，欧盟国家和日本则为进口国家。这三大主要消费区域的年均消费鲜食玉米增长率均超过 10%，显示了巨大的市场潜力。据预测，到 2020 年仅甜玉米加工制品的需求将达到万吨以上。

目前，世界各类鲜食玉米均呈现蓬勃发展的势头，以甜玉米为例，各类甜玉米种植面积达 300 多万公顷，其中美国种植面积最大，约占 10%。甜玉米总产量在市场蔬菜鲜售产品中排第四位，在加工产品中排第二位，是最重要的蔬菜作物之一。全世界甜玉米罐头贸易量已超过 10 万吨，其中日本年进口量就达 5 万吨，泰国和我国台湾地区年出口量已超过 3 万吨。美国甜玉米罐头的产量仅次于番茄，出口量居世界第一，速冻玉米一年四季均有供应。

随着经济和社会的发展，韩国、东南亚等新兴市场对糯玉米的需求也在持续增长。鲜食糯玉米是我国在国际市场中的优势品种，我国鲜食玉米产业发展过程中，已逐步形成了"南甜北糯"的格局。据不完全统计，我国每年出口到韩国的糯玉米加工制品和青玉米以近 30% 的速度增长，显示出了强劲的需求。

经过保鲜加工的鲜食玉米不但保留了原有的色、香、味、型，而且营养成分保存完好，符合营养学倡导的"食不厌粗"的膳食保健理念，成为现代社会备受青睐的休闲健康食品。据预测，随着世界经济的发展和新兴工业国家的出现，国际市场对鲜食玉米的需求量将以年均 20% 的速度增长，并且该需求呈现多元化，糯玉米、甜玉米、笋玉米等多个品种的需求均呈现迅速增长态势，将为高品质专用鲜食玉米的规模化发展创造广阔的市场前景。

第二章

鲜食玉米栽培生物学基础

一、鲜食玉米生长发育过程

玉米从播种到成熟的时间称为玉米的生育期。鲜食玉米生育期的长短与品种、光照、温度和肥水等因素有关，一般叶数多、日照长、温度低、肥水充足的，其生育期较长；反之，则较短。

（一）生育时期划分

在玉米全生育期，受内、外条件变化的影响，其植株形态、内部构造均会发生不同程度的变化，习惯上将玉米发生显著变化的日期称为生育时期。鲜食玉米整个生育期可划分为以下几个时期。

1. 播种期 播种的日期。

2. 出苗期 第一片真叶展开的日期，此时苗高2～3厘米。

3. 拔节期 茎基部节间开始伸长的日期。

4. 抽雄期 雄穗主轴顶端从顶叶露出3～5厘米的日期。

5. 散粉期 雄穗主轴开花散粉的日期。

6. 吐丝期 雌穗花丝伸出苞叶2～3厘米长的日期。

7. 鲜果穗采收期 鲜食玉米鲜果穗采收的日期。一般鲜食玉米在授粉后20～25天为鲜果穗采收期，糯玉米可向后延伸2～3天。

8. 成熟期　雌穗苞叶变黄而松散，籽粒呈现本品种的固有形状、颜色，种胚下方尖冠处形成黑色层的日期。

生产中，通常以全田 60% 植株达到上述标准的日期，为各生育时期的记载标准。另外，通常用小喇叭口期、大喇叭口期作为生育进程和田间肥水管理的标志。小喇叭口期是指玉米植株有 12～13 片叶可见，9～10 片叶展开，心叶形似小喇叭口的日期。大喇叭口期是指玉米植株叶片大部分可见，但未全展，心叶丛生，上平中空，形似大喇叭口的日期。

（二）生育阶段划分

鲜食玉米各器官的生长发育具有稳定的规律性和顺序性，依据其根、茎、叶、穗、粒先后发生的主次关系，可将鲜食玉米的整个生育期划分成苗期、穗期和花粒期 3 个阶段。每个阶段包括一个或几个生育时期。

1. 苗期阶段　是指从播种到拔节的一段时间，此阶段玉米以生根、长叶、分化茎节为主，以根生长为中心。

2. 穗期阶段　是指从拔节到雄穗开花的一段时间，这个阶段是玉米生长发育最旺盛的时期，也是玉米田间管理最关键的阶段。

3. 花粒期阶段　是指从雄穗开花到成熟期的一段时间，包括开花、吐丝、鲜果穗采收和成熟等时期。鲜食玉米一般到鲜果穗采收期就已采收。

二、鲜食玉米生长发育对环境条件的要求

（一）土　壤

土壤是玉米根系生长的场所，为植株生长发育提供水分、空气及矿物质营养，与玉米生长及产量形成关系密切。鲜食玉米与

普通玉米相比，千粒重较低，因而幼苗较弱，对土壤的要求相对较高，要求土壤具备以下条件。

1. 土层深厚，结构良好　土壤的活土层要深，有较厚而坚实的心土层和底土层，最适土壤空气容量为 30%，最适土壤含氧量为 10%～15%。

2. 肥力水平高，营养丰富　注意随耕地随施肥，耕后适当耙平，生育期勤中耕、多浇水，促进土壤熟化，逐步提高土壤肥力。对土层薄、肥力差的地块，应逐年垫土、增施肥料，逐步加厚表层、培肥地力。

3. 疏松通气，能蓄易排　采用适当的翻、垫、淤、掺等方法，改造土层，调剂土壤。对沙性和黏性过重的土壤，采取沙掺黏、黏掺沙的方法调节泥沙比例至 4 泥 6 沙的壤质土状况，达到上粗下细、上沙下壤的土体结构，以提高土壤的通透性。

（二）温　度

玉米是喜温作物，正常生长的最低温度为 10℃，在 10～40℃范围内，温度越高，生长速度越快；反之，生长速度越慢。通常以 10℃作为玉米生物学 0℃，高于 10℃的温度才是有效温度。生育期温度较高，达到品种所需有效积温的天数少，生育期缩短；反之，则延长。不同生育时期对温度的要求不同。在土壤水、气条件适宜的情况下，玉米种子在 10℃正常发芽。10 厘米地温 20～24℃最适于根系生长，低于 4.5℃根系生长基本停止，高于 35℃根系生长速度显著降低。茎生长适温为 24～28℃，低于 12℃生长停止，高于 32℃生长速度降低。开花期对温度要求最高，反应最敏感，适温为 25～27℃。温度高于 32℃时，雌穗吐丝缓慢，雌、雄穗开花间隔时间延长，花期不能很好吻合，受精不良，秃顶缺粒。花粒期要求日平均温度在 20～24℃，低于 16℃或高于 25℃，则会导致灌浆速度降低，成熟延迟，粒重降低，造成减产。

（三）光　照

光是玉米进行光合作用的能源，较强光照条件下，合成较多的光合产物供各器官生长发育，茎秆粗壮坚实，叶片肥厚挺拔；弱光照条件下，光合产物较少，茎细弱，坚韧度低，叶薄且易披。玉米是喜光短日照作物，在短日照条件下发育较快，长日照条件下发育缓慢。一般在每天8～9小时的光照下，发育快、开花早、生育期缩短，反之则延长。早熟品种对光照周期反应较弱，晚熟品种反应较强。因此，生产中要求适宜的种植密度，并做到一播全苗、匀留苗、留匀苗，以免出现大苗吃小苗现象。

（四）水　分

玉米需水较多，除苗期适当控水外，生产中应满足玉米对水分的要求，以获得高产。需水趋势：从播种到出苗需水量少，出苗至拔节需水增加，拔节至抽雄需水剧增，抽雄至灌浆需水达到高峰，从开花前8～10天开始，30天内的耗水量约占全生育期总耗水量的1/2。通常，播前浇底墒水；大喇叭口期和抽雄后20天左右，分别浇攻穗水和攻粒水。雨水多而出现田间积水时，应及时排水，防止根系窒息死亡。出芽出苗、幼苗期，应注意散墒，防止烂种、芽涝。

（五）肥　料

玉米生育期短，生长发育快，需肥较多，对养分的吸收以氮最多、钾次之、磷较少。不同生育时期对氮、磷、钾吸收的总趋势：苗期吸收量少，进入穗期吸收量开始增多，到开花达到高峰，开花至灌浆期吸收量仍然较多，之后吸收量逐渐减少。此外，若种植制度、产量水平、土壤条件不同，在供肥量、肥料分配比例和施肥时间上均应有所区别、有所侧重。

三、栽培措施对鲜食玉米生长发育的影响

（一）播 种 期

鲜食玉米主要是采收鲜穗，播种期调节是实现鲜食玉米均衡上市、提高经济效益的重要措施。鲜食玉米的播种期应根据土温、气温、种植方式和品种特性确定，既要考虑充分利用生长季节和温光资源，保证玉米正常采收，还要保证出苗整齐、生长健壮，其关键生育阶段还要避开不利气候因素的影响。地膜覆盖和设施栽培可适当调整播种期。

（二）播种方式

鲜食玉米播种方式主要有露地直播、覆地膜直播和育苗移栽等方式。

1. 露地直播　在 10 厘米地温稳定在 12℃以上时播种，播种过早易烂种，造成缺苗断垄，影响产量。播种前精细整地，要求地面平整、土壤松软细碎。施足基肥后开沟播种或点播。

2. 覆地膜直播　覆地膜直播分为先播种后覆膜和先覆膜后播种 2 种方式。前一种方式先开沟播种，盖土后喷除草剂，然后覆地膜，地膜四周用土压实，出苗后要及时破膜放苗；后一种方式先盖地膜后点播，适合沙壤土种植。覆地膜直播需及时定苗，膜上洞口宜小，并用土盖严，以免漏风，造成膜内温度降低。与露地直播相比，覆地膜直播具有良好的保温保湿效果，能提前播种、提早成熟。同时，还可以防止杂草生长，免去了中耕、除草、培土等工作，省工省时。

3. 育苗移栽　鲜食玉米栽培提倡育苗移栽，以利于提高出苗率，实现苗全苗壮，节省用种量。同时，还可实现早播、早栽、早熟、早上市，提高经济效益。育苗移栽要注意移栽前提前炼苗。

用于加工罐头的，可采用分期播种方式，以协调加工时差；用于收获鲜果穗的，可采用覆地膜直播或育苗移栽，进行保护地栽培或延后栽培，使鲜果穗在淡季上市；用作食品等轻工业原料的，可采用常规种植方法。

（三）水　分

鲜食玉米不同生育阶段对水分的要求不同。苗期保持土壤湿润即可，过湿则影响根系发育。拔节期需水量增大，抽雄开花前10天和之后20天对水分最敏感，且需水量最多，为需水临界期。这一时期水分不足，不仅影响雄穗开花和花丝抽出，还会造成鲜食玉米授粉不良，果穗短、籽粒小、秃尖长，产量大幅度下降。鲜食玉米的耐涝性较差，若土壤相对湿度超过80%，则会对生长发育产生不良影响。不同生育时期的鲜食玉米抗涝能力也不同，苗期抗涝能力弱，拔节后逐渐增强，成熟衰老期则减弱。

（四）肥　料

鲜食玉米在生长发育过程中需要从土壤中吸收大量的营养元素。研究结果表明，改变氮、磷、钾养分吸收总量，对提高鲜食玉米品种的鲜穗和鲜籽粒产量起主导作用，而氮、磷、钾的不同配施比例对鲜食玉米的产量也有一定的影响。在种植密度相同的情况下，鲜食玉米的株高、穗位、茎粗等随施肥量的增加有明显增加趋势。

鲜食玉米施肥的基本原则为：基肥为主，追肥为辅；有机肥为主，化肥为辅；氮肥为主，磷、钾肥为辅；穗肥为主，粒肥为辅；重施基肥，施用种肥，分期追肥。

（五）种植密度

种植密度对鲜食玉米生长发育有显著影响。一般随着密度增加，茎秆节间显著延长，茎粗相对减小，单株叶面积减小、叶面积指数增大，光合势加大、光合生产率降低。在密度差异较大的情况下，高密度植株的抽雄日期和雌穗的吐穗日期显著延长。随种植密度的加大，鲜食玉米的空秆率、秃顶长度增加，穗长、穗粗变小，穗粒数、千粒重降低。不同种植密度对玉米产量的影响不同，在一定范围内，产量随着种植密度的增加而增加，当超过这一范围时，产量则随种植密度的增加而减小。鲜食玉米的产量构成因素主要是单位面积株数、单株果穗数和果穗大小。不同种植密度主要是通过影响穗粒数和单穗粒重来影响产量，最适种植密度是果穗大小与产量最协调的密度，此时种植效益最大。同时，鲜食玉米种植目的和收获目标不同对种植密度要求也不同，以出售鲜穗为主、按穗计价的，商品果穗越多，其经济效益越高。种植密度应尽量使商品果穗保持较高的水平。

四、鲜食玉米品质形成

（一）干物质积累规律

在鲜食玉米生育进程中，群体植株的干物质积累规律与普通玉米一样呈"S"形曲线，可划分为明显的3个阶段：出苗到小喇叭口期，植株干物质增长缓慢，呈指数增长；大喇叭口期至蜡熟期，植株干物质呈线性增长；蜡熟期以后植株干物质增长又趋缓慢。

鲜食玉米籽粒千粒重的增加呈"S"形曲线变化，表现慢—快—慢的节奏，不同品种的灌浆速率大致都是初期低、中期高、后期又降低。糯玉米、甜玉米灌浆过程表现出体积及鲜重达到最大值的时期与普通玉米相似，但籽粒干重的线性增长期比普通玉米短，粒重增加速率比普通玉米低，籽粒含水量日下降速率比普通玉米稍快，即具有灌浆期短、灌浆速率低、籽粒脱水快的特点，因此鲜食玉米的籽粒千粒重比普通玉米小。

（二）果穗形成规律

穗长是鲜食玉米的重要外观指标之一，以 16 行小型籽粒、粒较深、无秃尖、长度为 20～23 厘米的果穗较受市场欢迎。研究认为，玉米从雌穗生长锥伸长到开始分化花丝，雌穗长度增长很慢，为指数增长阶段，花丝开始分化时雌穗长度仅占最大长度的 7.6% 左右。花丝开始分化至吐丝后 4 天为线性增长阶段，雌穗伸长速度很快，尤以吐丝前 4 天内增长量最大，吐丝时雌穗长度已达最大长度的 60% 左右，该阶段总增长量占雌穗最大长度的 85% 左右。吐丝 4 天以后，雌穗长度增长缓慢，至吐丝后 10 天雌穗已达最大长度。蜡熟期，因失水雌穗略有缩短。由此表明，吐丝前的 4 天和吐丝后的 4 天是雌穗的临界伸长期，也是决定雌穗大小和能否发育成有效果穗的关键时期。与穗长生长速度相比，穗粗生长速度慢且起步晚，花丝分化停止时穗粗进入线性增长阶段，吐丝后 10 天生长速度逐渐降低，雌穗授粉后 20 天左右达到最大值。

（三）品质形成规律

1. 碳水化合物积累变化规律　鲜食玉米乳熟期淀粉含量呈直线上升趋势，主要是由于糖不断地向淀粉转化的结果，这种转化使鲜食玉米失去其应有的风味和良好的口感，所以适时采收对鲜食玉米尤其是甜玉米很重要。采收期甜玉米和糯玉米直链淀粉含量呈下降趋势，糯玉米的下降幅度显著高于甜玉米，授粉 30 天时两者的直链淀粉含量无显著差异；采收期甜玉米和糯玉米支链淀粉增加，糯玉米的积累量和积累速率明显高于甜玉米。随着采收期的推迟，鲜食玉米籽粒的粗淀粉含量及皮渣率呈增加趋势，可溶性糖含量、含水率不断降低。

2. 蛋白质积累变化规律　糯玉米不同品种授粉后，籽粒蛋白质含量动态变化趋势一致。籽粒蛋白质含量在灌浆初期较高，随籽粒灌浆进程逐步下降，下降速率初期较快，中后期下降逐渐变慢。影响品种成熟期蛋白质含量的主要是籽粒蛋白质含量随花后天数下降的速率。糯玉米灌浆期籽粒中全氮、蛋白质态氮、非蛋白质态氮的相对含量逐渐降低，水溶性含氮化合物显著降低。一般随着籽粒的成熟，水溶性蛋白质含量减少，醇溶性及碱溶性蛋白质迅速增加，盐溶性蛋白质变化不明显，即后期醇溶性蛋白质大量合成并积累。

甜玉米采收期蛋白质的变化趋势是先上升后下降，变化幅度较小，品种之间有较大的差异。超甜、普甜玉米的平均蛋白质含量高于普通玉米，超甜玉米最高，含量达 18 克 /100 克干物质，是普通玉米的 2 倍。

鲜食期籽粒蛋白质含量在不同施肥条件下存在显著差异，成熟期时存在极显著差异，而不同种植密度条件下差异不显著。施肥量增加可以显著提高籽粒蛋白质含量。

3. 脂肪积累变化规律　从籽粒发育的全程来看，脂肪与淀粉变化相似，随籽粒灌浆进程，籽粒中含量呈逐渐上升趋势，而且它们在同一时期变化趋势相反。在整个籽粒形成过程中，籽粒中蛋白质与脂肪含量呈负相关，淀粉与还原糖的含量、淀粉与水溶性糖的含量均呈显著负相关关系，碳水化合物与脂肪的积累呈明显负相关。

（四）影响鲜食玉米品质的主要因素

1. 碳水化合物　玉米淀粉主要集中在籽粒的胚乳中。普通玉米淀粉中直链淀粉含量为 20%～25%，支链淀粉含量为75%～80%。糯玉米淀粉中几乎 100% 是支链淀粉，所以食用时糯性强，品味好。有研究发现，淀粉中除直链淀粉和支链淀粉外，还有性质处于两者之间的多糖类存在，故糯玉米的品质还应与支链淀粉的状态（分支度、链长）及中间成分（轻度分支的直链淀粉、轻度分支的支链淀粉和链长极短的直链淀粉）、非淀粉成分（纤维素、半纤维素、果胶及部分蛋白质等）的含量密切相关，正是由于玉米淀粉的这些差异导致了不同糯玉米之间的淀粉糊化性质的差异和食味品质的差异。

研究表明，甜玉米食用口感与甜度呈极显著正相关关系。可溶性糖的主要成分为蔗糖、果糖和葡萄糖，这 3 种糖对甜味的影响依次是果糖 ＞ 蔗糖 ＞ 葡萄糖。甜玉米食用口感除与可溶性糖含量相关，还与粗纤维及含水量显著相关。要改善籽粒口感，除了要提高籽粒甜度和降低籽粒粗纤维含量外，也不能忽视籽粒的含水量。熟期一致的籽粒含水量高，则较爽脆，口感好。

2. 蛋白质　玉米籽粒中蛋白质组分对其营养价值有很大的影响，这主要是由于不同蛋白质组分的氨基酸组成差别较大。糯玉米粉中氨基酸平均含量为 8.3%，其中赖氨酸含量比普通玉米高 16% ～ 74%；蛋白质平均含量为 10.6%，比普通玉米高 3% ～ 6%。糯玉米籽粒中营养价值较高的水溶性蛋白质和盐溶性蛋白质的比例较高，因而大幅度改善了玉米籽粒的食用品质。甜玉米籽粒中的蛋白质主要是水溶性蛋白质，醇活性蛋白质则较少，另外还有少量的碱溶性蛋白质和盐溶性蛋白质。

3. 果皮　子房壁形成的果皮和珠被形成的种皮二者复合形成玉米果皮，果皮形成受母本的影响，它是籽粒的保护层。许多鲜食玉米品种虽然甜、糯、香，但皮较厚且硬，渣多，口感较差，籽粒果皮厚度和韧度已成为严重影响鲜食玉米口感的首要因素。有研究表明，果皮柔嫩爽脆度，即果皮因咀嚼而破碎的能力，是影响鲜食玉米食味品质和加工品质的主要因素之一，与果皮厚度密切相关。

4. 香味　优良的鲜食玉米蒸煮食用时除了感觉糯性好、香甜、脆嫩外，还有微微的香味，这是作为果蔬型玉米风味品质的主要体现。但目前对产生香味的有效成分的确定及其生化基础的研究还没有报道。据对稻米香味成分生化基础的研究，稻米香味的产生可能与某些酶类的活性降低或缺失有关。

5. 采收期　鲜食玉米是以生产未成熟的新鲜果穗为目的，

最佳食味期即适宜采收期，因此适期采收十分重要。采收早了，籽粒含水量过多，干物质太少，味淡，产量低，且不宜保存；采收迟了，籽粒中糖分转化为淀粉，种皮加厚，糯而不甜，香味降低。适宜采收期在授粉后的时间长短，不同品种和不同年份存在差异，确定采收期有测定籽粒含水量、计算吐丝天数、计算有效积温等方法。鲜食糯玉米适宜采收期一般为授粉后 22～27 天，此时籽粒含水量为 59%～64%，籽粒水溶性糖含量最高，花丝呈黑褐色，苞叶绿色且无明显皱褶，籽粒富有弹性，果穗顶部籽粒胚乳呈糊状。鲜食甜玉米适宜采收期一般为授粉后 24～27 天，生产中可适当延长至授粉后 29 天，以可溶性糖含量迅速下降以前、籽粒水分含量 70%左右时为最好。

五、鲜食玉米品质评价

鲜食玉米作为蔬菜或水果鲜食，品质是决定品种优劣、经济价值高低的最重要因素。根据我国市场需要和加工要求，鲜食玉米品质一般包括商业品质、食用品质、营养品质和加工品质等，不同目的的鲜食玉米对品质指标的要求不尽相同。

鲜食风味是鲜食玉米食用品质和商业品质的重要组成部分，目前鲜食玉米鲜食风味的好坏一般是通过组织专家品尝、汇总打分的方法进行评判。2002 年农业部种植司制定的鲜食玉米评价标准《甜玉米》(NY/T 523—2002)、《糯玉米》(NY/T 524—2002)提出鲜食玉米品质分为外观品质和蒸煮品质。

(一)商业品质

商业品质指的是鲜食玉米的外观品质，是对鲜食玉米果穗、籽粒外形的直观印象，是鲜食玉米品质中尤为重要的指标。商业品质直接影响人们的喜好和鲜食玉米商品的出售，在内在品质差异不大的情况下，商业品质是决定价格和等级标准的重要因素。

　　商业品质优良的鲜食玉米应具有果穗形状一致、大小均匀、籽粒饱满、排列整齐紧密、籽粒柔嫩、皮薄，具有乳熟期特有的光泽，苞叶完整、新鲜嫩绿，果穗青花丝、白穗轴、无秃尖、无虫蛀及霉变、无硬性损伤。

　　商品果穗是指非霉变果穗，除去苞叶、花丝、穗柄、虫咬、损伤、秃尖及秃基部分，剩下的完好净穗有效长度至少不短于10厘米的部分。不同品种的商品果穗率有显著差异，商品果穗率高是优良品种的基本要求。

　　外观品质评价主要围绕果穗、籽粒两方面，内容包括：穗型和粒型；籽粒饱满和排列情况；色泽；苞叶包裹情况；新鲜嫩绿度；籽粒柔嫩、皮薄情况；秃尖、虫咬、霉变、损伤情况等（表2-1）。

表2-1　鲜食玉米果穗外观品质评价指标（总分30分）

评　分	27～30	22～26	18～21
外观品质评分	具有本品种应有的特性，穗型粒型一致，籽粒饱满，排列整齐紧密，具有乳熟期应有的色泽，籽粒柔嫩、皮薄，基本无秃尖、无虫咬、无霉变、无损伤，苞叶包被完整，新鲜嫩绿	具有本品种应有的特性，穗型粒型基本一致，有个别籽粒不饱满，排列整齐，色泽稍差，籽粒柔嫩性稍差，皮较薄，秃尖≤1厘米，无虫咬、无霉变，损伤粒少于5粒，苞叶包被较完整，新鲜嫩绿	基本具有本品种应有的特性，穗型粒型稍有差异，饱满度稍差，籽粒排列基本整齐，有少量籽粒色泽与本品种不同，籽粒柔嫩性较差、皮较厚，秃尖≤2厘米，无虫咬、无霉变，损伤粒少于10粒，苞叶包被基本完整

（二）食用品质

　　食用品质即适口性，是鲜食玉米品质的首要指标。影响适口性的因素很多，主要是果皮、甜度、糯性、脆嫩度、香味等，其中糯性和果皮厚度是鲜食糯玉米食用品质的主要影响因素。糯玉米要求籽粒黏软清香，支链淀粉含量高。一般认为，直链淀粉含量应不超过总淀粉的 5%，果皮薄嫩性好，并要求有一定的含糖量，以改善适口性。甜玉米要求籽粒含糖量高，粗纤维含量低，果皮薄嫩性好。

目前，品种试验中，甜玉米和糯玉米品种鲜果穗蒸煮品质主要通过组织人员品尝的方法进行打分（表 2-2）。

表 2-2　鲜食玉米蒸煮品质评价指标

性　状	气　味	色　泽	糯　性	皮的厚薄	柔嫩性	风　味	蒸煮品质总分
评　分	4～7	4～7	10～18	10～18	7～10	7～10	42～70

（三）营养品质

营养品质指籽粒中含有的营养成分的多少及其对人、畜的营养价值，指标包括蛋白质、脂肪、淀粉、膳食纤维、某些矿物质元素及各类维生素等成分的含量。鲜食玉米采收期籽粒营养成分含量的高低不仅是鲜食玉米营养全面、均衡的体现，同时重要品质成分含量对食用品质具有重要影响，是食用品质的内在反映。

鲜食玉米的营养品质是食用品质、商业品质、加工品质的基础。糯玉米籽粒的蛋白质品质好，具有丰富的营养价值，但目前对糯玉米营养成分还没有统一的定量标准，一般以高者为好。研究表明，超甜玉米的粗脂肪、粗纤维、维生素 C、β-胡萝卜素、水解氨基酸总量及矿物质含量与杂交玉米相比均高出 1 倍，有的甚至高出许多倍，而且人体必需氨基酸含量丰富，限制性氨基酸赖氨酸和苏氨酸的含量接近或超过了杂交玉米和稻米的 2 倍。因此，超甜玉米的营养品质远远高于杂交玉米和稻米。甜玉米籽粒中的蛋白质主要是水溶性蛋白质，醇活性蛋白质则较少，另外还有少量的碱溶性蛋白质和盐溶性蛋白质。

第三章
鲜食玉米主栽品种

一、糯玉米主栽品种

(一)京科糯 2000

北京市农林科学院玉米研究中心选育，2006 年国家审定。在西南地区出苗至采收 85 天左右。幼苗叶鞘紫色，叶片深绿色，叶缘绿色，花药绿色，颖壳粉红色。株型半紧凑，株高约 250 厘米，穗位高约 115 厘米，成株平均 19 片叶。花丝粉红色，果穗长锥形，穗长 19 厘米，穗行数 14 行，千粒重（鲜籽粒）约 361 克，籽粒白色，穗轴白色。中抗大斑病和纹枯病，感小斑病、丝黑穗病和玉米螟，高感茎腐病。支链淀粉占总淀粉含量的 100%，区域试验平均亩（1 亩 ≈ 667 平方米）产（鲜穗）880.4 千克。

适宜四川、重庆、湖南、湖北、云南、贵州等地作鲜食糯玉米品种种植，每亩适宜密度 3 500 株左右。注意防止倒伏和防治茎腐病、玉米螟。

(二)鲁糯 6 号

山东省农业科学院玉米研究所选育，2001 年山东省审定。株型半紧凑，幼苗叶鞘紫色，花丝红色，花药黄色，雌、雄花期协调。夏播生育期约 95 天，授粉后 25 天左右采收鲜穗。株高约

240 厘米，穗位高约 87 厘米。果穗大小均匀，结实到顶。鲜食果穗穗长约 22.2 厘米，穗粗约 4.7 厘米，穗粒数约 487.7 粒；成熟果穗柱形，穗长约 19 厘米，穗粗约 4.5 厘米，穗行数 12～14 行，行粒数 43 粒，粉红轴。籽粒黄色、糯质硬粒，千粒重（鲜籽粒）约 334.7 克，出籽率 86%。

适宜山东省覆膜春播、麦田套种和夏直播。适宜密度为 3 500～4 000 株 / 亩。

（三）莱农糯 10 号

青岛农业大学选育，2006 年山东省审定，2009 年国家审定。在黄淮海夏玉米区出苗至鲜穗采收约 75 天。幼苗叶鞘绿色，叶片深绿色，叶缘绿色，花药绿色，颖壳绿色。株型紧凑，株高约 236 厘米，穗位高约 89 厘米，成株叶数 20 片。花丝绿色，果穗筒形，穗长约 18 厘米，穗行数约 14 行，穗轴白色，籽粒浅紫色，千粒重（鲜籽粒）约 310 克。中抗小斑病，感大斑病、弯孢菌叶斑病、矮花叶病、茎腐病和瘤黑粉病，高感玉米螟。支链淀粉占总淀粉含量的 99.27%，区域试验平均亩产（鲜穗）766.2 千克。

适宜山东（烟台除外）、北京、天津、河北、河南等地作鲜食糯玉米品种夏播种植。中等肥力以上地块栽培，适宜密度为 4 000 株 / 亩。注意防止倒伏（折）和防治玉米螟。

（四）万糯 2000

河北省万全县华穗特用玉米种业有限责任公司选育，2015 年国家审定。

东北、华北春玉米种植区出苗至鲜穗采摘约 90 天。幼苗叶鞘浅紫色，叶片深绿色，叶缘白色，花药浅紫色，颖壳绿色。株型半紧凑，株高约 243.8 厘米，穗位高约 100.3 厘米，成株叶数 20 片。花丝绿色，果穗长筒形，穗长约 21.7 厘米，穗行数 14～16 行，穗轴白色，籽粒白色、硬粒，千粒重（鲜籽粒）约 441 克。抗丝黑穗病，感大斑病。品尝鉴定 87.1 分，达到鲜食糯玉米二级标准。支链淀粉占总淀粉含量的 98.72%，皮渣率 3.86%。

黄淮海夏玉米种植区出苗至鲜穗采摘约 77 天。株高约 226.8 厘米，穗位高约 85.9 厘米，成株叶数 20 片。果穗长锥形，穗长约 20.3 厘米，穗行数 14～16 行，千粒重（鲜籽粒）约 413 克。高抗茎腐病，感小斑病、瘤黑粉病，高感矮花叶病。品尝鉴定 88.35 分，达到鲜食糯玉米二级标准。粗淀粉含量 63.86%，支链淀粉占总淀粉含量的 99.01%，皮渣率 9.09%。

适宜北京、河北、山西、内蒙古、辽宁、吉林、黑龙江、新疆等地作鲜食糯玉米品种春播种植，还适宜北京、天津、河北、山东、河南、江苏和安徽部分地区、陕西关中灌区等地作鲜食糯玉米品种夏播种植。中等肥力以上地块栽培，亩种植 3 500 株左右。注意及时防治玉米螟、小斑病、矮花叶病、瘤黑粉病。

（五）佳糯 668

河北省万全县万佳种业有限公司选育，2015 年国家审定。

东北、华北地区春玉米区出苗至鲜穗采收约 90 天。幼苗叶鞘紫色，叶片绿色，叶缘紫色，花药黄色，颖壳紫色。株型半紧凑，株高约 260 厘米，穗位高约 118.6 厘米，成株叶数约 20 片。花丝绿色，果穗筒形，穗长约 20.9 厘米，穗行数 12～14 行，穗轴白色，籽粒白色、马齿形，千粒重（鲜籽粒）约 396 克。高抗丝黑穗病，感大斑病。品尝鉴定 85.9 分，支链淀粉占总淀粉的 99.04%，皮渣率 5.4%。

黄淮海夏玉米区出苗至鲜穗采收约 75 天。株高约 233 厘米，穗位高约 102 厘米，成株叶数 20 片。果穗长锥形，穗长约 19.6 厘米，穗行数 12～14 行，籽粒白色、硬粒，千粒重（鲜籽粒）约 378 克。抗茎腐病，感小斑病和瘤黑粉病，高感矮花叶病。品尝鉴定86.1分，支链淀粉占总淀粉含量的98.0%，皮渣率8.99%。

适宜北京、河北、山西、内蒙古、辽宁、吉林、黑龙江、新疆等地作鲜食糯玉米品种春播种植，还适宜北京、天津、河北、河南、山东、江苏和安徽部分地区、陕西关中灌区等地作鲜食糯玉米夏播种植。注意防治小斑病、矮花叶病、瘤黑粉病。中等肥力以上地块栽培，东北、华北地区亩种植3 500株，黄淮海地区亩种植3 500～4 000株。

（六）鲁糯7087

山东省农业科学院玉米研究所选育，2012年山东省审定。出苗至鲜穗采收约75.8天。株型紧凑，花丝浅紫色，花药淡粉色，雄穗分枝15个左右，株高约248厘米，穗位高约101厘米，茎粗约2.3厘米，双穗率约3.8%。果穗长锥形，商品穗率约90.2%。穗长约22.4厘米，穗粗约4.8厘米，穗粒数约554.6粒，穗轴白色，籽粒黄色、硬粒，果皮较薄。果穗均匀，活秆成熟，综合抗性好，品质优良。区域试验平均果穗数3 583穗/亩。

适宜山东及黄淮海地区作鲜食专用黄糯玉米品种种植，适宜种植密度为4 000～4 300株/亩。

（七）农科玉368

北京市农林科学院玉米研究中心和北京华奥农科玉米育种开发有限责任公司选育，2015年国家审定。

黄淮海夏玉米种植区出苗至鲜穗采收约76天。幼苗叶鞘紫色，叶片绿色，叶缘绿色，花药紫色，颖壳淡紫色。株型半紧凑，株高约233.2厘米，穗位高约97.5厘米，成株叶数19片。花丝淡紫色，果穗锥形，穗长约18.6厘米，穗行数12～14行，穗轴白色，籽粒白色、硬粒，千粒重（鲜籽粒）约387克。中抗茎腐病，感小斑病、矮花叶病和瘤黑粉病。品尝鉴定86.4分，粗淀粉含量64.3%，支链淀粉占总淀粉的97.6%，皮渣率7.4%。

区域试验平均亩产鲜穗 848.7 千克，生产试验平均亩产鲜穗
927.2 千克。

适宜北京、天津、河北、山东、河南、江苏和安徽部分地
区、陕西关中灌区等地作鲜食糯玉米夏播种植。中等肥力以上地
块栽培，4 月底至 5 月初播种，亩种植 3 500 株左右。注意防治
小斑病、矮花叶病和瘤黑粉病。授粉后 22～25 天为最佳采收期。

（八）鲁糯 14

山东省农业科学院玉米研究所选育，2005 年北京市审定。
在北京地区播种至鲜穗采收平均 92 天。株型半紧凑，第一叶鞘
花青苷显色中，第一叶尖端呈圆匙形，叶片边缘紫红色，上位穗
上叶与茎秆角度中等，茎支持根花青苷显色强，花药花青苷显色
中，花丝绿色，叶长和叶宽均为中等，叶片绿色，叶缘波状少，
叶鞘花青苷显色极弱，植株较矮，穗位高与株高比率中，穗柄角
度向上，果穗长中等，穗行数少，籽粒糯，籽粒顶端黄色，穗轴
颖片没有花青苷显色。鲜食果穗筒形，穗长约 21.9 厘米，穗粗
约 4.5 厘米，穗行数 14～16 行，穗轴白色，籽粒黄色。

适宜北京和黄淮海等地种植，适宜密度为 4000～4500 株 / 亩。

（九）山农糯 168

山东农业大学选育，2012 年国家审定。东北、华北春玉米
种植区出苗至鲜穗采摘约 97 天。幼苗叶鞘浅紫色，叶片绿色，
叶缘绿紫色，花药浅紫色，颖壳绿色。株型半紧凑，株高约 279
厘米，穗位高约 131 厘米，成株叶数 19～20 片。果穗锥形，穗
长约 20.8 厘米，穗行数 12～14 行，穗轴白色，籽粒白色、半马
齿形，千粒重（鲜籽粒）约 285 克。高抗茎腐病，抗丝黑穗病，
感大斑病和玉米螟。支链淀粉占总淀粉含量的 98.26%，达到糯
玉米标准，平均亩产鲜穗 965.2 千克。

适宜在吉林、辽宁等中晚熟区，河北北部、山西东南部、内

蒙古呼和浩特市及新疆中部等鲜食糯玉米区春播种植。中等肥力以上地块栽培，4月15日至6月15日播种，亩种植3500株左右。注意防治大斑病和玉米螟。

（十）鲜玉糯4号

海南省农业科学院粮食作物研究所选育，2015年国家审定。东南地区春播出苗至鲜穗采摘约83天。幼苗叶鞘红色，叶片绿色，叶缘白色，花药黄色，颖壳绿色。株型半紧凑，株高约182厘米，穗位高约65厘米，成株叶数19片。花丝浅黄色，果穗锥形，穗长约20厘米，穗行数14～16行，穗轴白色，籽粒紫白色，千粒重（鲜籽粒）约343克。专家品尝鉴定达到鲜食糯玉米二级标准，品质检测支链淀粉占总淀粉含量的97.6%。中等肥力以上地块栽培，亩种植3500株左右，隔离种植，适时带苞叶收获。

适宜海南、江苏和安徽部分地区、上海、浙江、江西、福建、广东、广西等地作鲜食糯玉米品种种植。注意防治小斑病、腐霉茎腐病和纹枯病。

（十一）苏科糯8号

江苏省农业科学院粮食作物研究所选育，2015年国家审定。东南地区出苗至鲜穗采收约84天。幼苗叶鞘紫色，叶片绿色，叶缘绿色，花药淡红色，颖壳绿色。株型半紧凑，株高约212厘米，穗位高约86.5厘米，成株叶数20片。花丝红色，果穗锥形，穗长18.7厘米，穗行数约14行，穗轴白色，籽粒白色，糯质型，千粒重（鲜籽粒）约318克。抗茎腐病，感纹枯病，高感小斑病。专家品尝鉴定达到鲜食糯玉米二级标准，支链淀粉占总淀粉含量的97.9%。

适宜江苏和安徽部分地区、上海、浙江、江西、福建、广东、广西、海南等地作鲜食糯玉米春播种植。中等肥力以上地块栽培，3～4月份播种，亩种植4000株左右。注意防治小斑病和纹枯病。

（十二）明玉1203

江苏明天种业科技有限公司选育，2015年国家审定。东南地区春播出苗至鲜穗采收约83天。幼苗叶鞘紫色，叶片绿色，叶缘绿色，花药淡红色，颖壳绿色。株型半紧凑，株高约198.7厘米，穗位高约79.6厘米，成株叶数约18片。花丝红色，果穗锥形，穗长约17.9厘米，穗行数14～16行，穗轴白色，籽粒白色，糯质型，千粒重（鲜籽粒）约314克。接种鉴定，抗茎腐病，中抗纹枯病，高感小斑病。专家品尝鉴定达到鲜食糯玉米二级标准，品质检测支链淀粉占总淀粉含量的97.4%。中等肥力以上地块栽培，3～4月份播种，亩种植4000株左右。隔离种植，适时采收；注意防治小斑病和玉米螟。

适宜江苏和安徽部分地区、上海、浙江、江西、福建、广东、广西、海南等地作鲜食糯玉米春播种植。

（十三）万彩糯3号

河北省万全县华穗特用玉米种业有限责任公司选育，2015年国家审定。东南地区出苗至鲜穗采收约83天。幼苗叶鞘紫色，叶片绿色，叶缘白色，花药黄色，颖壳绿色。株型半紧凑，株高约230.5厘米，穗位高约97厘米，成株叶数约21片。花丝紫色，果穗长筒形，穗长约17.6厘米，穗行数14～16行，穗轴白色，籽粒紫白色、糯质硬粒型，千粒重（鲜籽粒）约299克。高抗茎腐病，抗纹枯病，中抗大斑病，高感小斑病。品尝鉴定达到鲜食糯玉米二级标准，品质检测支链淀粉占总淀粉含量的98.5%。区域试验平均亩产鲜穗830.7千克，生产试验平均亩产鲜穗862千克。

适宜江苏和安徽部分地区、上海、浙江、江西、福建、广东、广西、海南等地作鲜食糯玉米品种春播种植。中等肥力以上地块栽培，亩种植4000株左右。注意防治小斑病和玉米螟。

（十四）玉糯258

重庆市农业科学院选育，2015年国家审定。西南地区春播出苗至成熟约89天。幼苗叶鞘紫色，叶片绿色，叶缘绿色，花药浅紫色，颖壳绿色。株型半紧凑，株高约256.3厘米，穗位高约121.1厘米，成株叶数约20片。花丝浅粉色，果穗筒形，穗长约19.2厘米，穗行数约16行，穗轴白色，籽粒白色，硬粒型，千粒重（鲜籽粒）约321克。接种鉴定，中抗小斑病和抗纹枯病。品尝鉴定达到鲜食糯玉米二级标准，品质检测支链淀粉占总淀粉含量的99.18%。2013—2014年参加西南鲜食糯玉米品种区域试验，平均亩产鲜穗844.9千克；2014年生产试验，平均亩产鲜穗874.2千克。中等肥力以上地块栽培，3～4月份播种，亩种植2 800～3 500株。注意隔离种植，防止串粉影响品质。

适宜四川、重庆、云南、贵州、湖南和湖北等地作鲜食糯玉米春播种植。

（十五）美玉9号

海南绿川种苗有限公司选育，2016年国家审定。东南地区春播出苗至鲜穗采收约81天。幼苗叶鞘黄绿色，叶片绿色，叶缘绿色，花药黄色，颖壳绿色。株型半紧凑，株高约233.6厘米，穗位高约100.1厘米，成株叶数约20片。花丝红色，果穗锥形，穗长约17.7厘米，穗行数14～16行，穗轴白色，籽粒紫白色，千粒重（鲜籽粒）约294克。平均倒伏（折）率2.6%。接种鉴定，抗纹枯病和腐霉茎腐病，感小斑病。品尝鉴定85.2分，品质检测支链淀粉占总淀粉含量的97.6%、皮渣率10.2%。2014—2015年参加东南鲜食糯玉米品种区域试验，平均亩产鲜穗756.5千克。中等肥力以上地块栽培，3月上中旬播种，亩种植3 200株左右。隔离种植，适时采收。

适宜安徽中南部、江苏中南部、浙江、上海、江西、福建、广东、海南等地作鲜食糯玉米春播种植。

（十六）苏科糯 10 号

江苏省农业科学院粮食作物研究所选育，2016 年国家审定。东南地区春播出苗至鲜穗采收约 80 天。幼苗叶鞘绿色，叶片绿色，花药黄绿色，颖壳绿色。株型半紧凑，株高约 230 厘米，穗位高约 99.1 厘米。花丝绿色，果穗锥形，穗长约 18.6 厘米，穗行数约 13 行，穗轴白色，籽粒紫白色、糯质型，千粒重（鲜籽粒）约 307 克。接种鉴定，抗茎腐病，中抗小斑病和纹枯病。品尝鉴定 84.8 分，品质检测支链淀粉占总淀粉含量的 97.3%、皮渣率 10%。2014—2015 年参加东南鲜食糯玉米品种区域试验，2年平均亩产鲜穗 753.6 千克。中等肥力以上地块栽培，3～4月份播种，亩种植 4 000 株左右。隔离种植，适时采收。

适宜江苏中南部、安徽中南部、上海、浙江、江西、福建、广东、广西、海南等地作鲜食糯玉米春播种植。

（十七）鲜玉糯 5 号

海南省农业科学院粮食作物研究所选育，2016 年国家审定。黄淮海夏玉米区出苗至鲜穗采收约 78 天。株型半紧凑，株高约 246.2 厘米，穗位高约 102.7 厘米。花丝浅紫色，果穗锥形，穗长约 20.3 厘米，穗行数 14～16 行，穗轴白色，籽粒白色、硬粒型，千粒重（鲜籽粒）约 348 克。接种鉴定，抗小斑病，中抗茎腐病，感矮花叶病和瘤黑粉病。品尝鉴定 85.5 分，品质检测支链淀粉占总淀粉的 98.1%、皮渣率 7.4%。2014—2015 年参加国家鲜食黄淮海糯玉米区域试验，2年平均亩产鲜穗 925 千克。中等肥力以上地块栽培，5月下旬至 6 月中旬播种，亩种植 3 500株左右。隔离种植，适时采收。

适宜河北、河南、山东、安徽北部、江苏北部、北京、天津、陕西等地作鲜食糯玉米夏播种植。注意防治矮花叶病和瘤黑粉病。

（十八）珠玉糯 1 号

珠海市现代农业发展中心选育，2016 年国家审定。

东南地区春播出苗至鲜穗采收约 82 天。株型半紧凑，株高约 220.4 厘米，穗位高约 81.2 厘米。穗长约 19.7 厘米，穗行数 12～14 行，穗轴白色，籽粒白色，千粒重（鲜籽粒）约 379 克，平均倒伏（折）率 3.6%。接种鉴定，高抗腐霉茎腐病，感小斑病和纹枯病。品尝鉴定 85.8 分，品质检测支链淀粉占总淀粉含量的 97.7%、皮渣率 7.6%。

西南地区春播出苗至鲜穗采收约 86 天。株型半紧凑，株高约 229.6 厘米，穗位高约 85.1 厘米。穗长 19.8 厘米，穗行数 11～14 行，穗轴白色，籽粒白色，千粒重（鲜籽粒）375 克，平均倒伏（折）率 4.8%。接种鉴定，中抗小斑病，感纹枯病。品尝鉴定 87.6 分，品质检测支链淀粉占总淀粉含量的 97.5%、皮渣率 11.5%。

2014—2015 年参加东南鲜食糯玉米品种区域试验，2 年平均亩产鲜穗 896.6 千克。2014—2015 年参加西南鲜食糯玉米品种区域试验，2 年平均亩产鲜穗 847.9 千克。中等肥力以上地块栽培，亩种植 3 000～3 500 株。隔离种植，适时采收。注意防治苗期地下害虫及玉米螟。

适宜江苏中南部、安徽中南部、上海、浙江、江西、福建、广东、广西、海南、湖南、湖北、四川、云南、贵州等地作鲜食糯玉米品种春播种植。注意防治小斑病和纹枯病。

（十九）金糯 102

北京金农科种子科技有限公司选育，2013 年北京市审定，2016 年国家审定。东南地区春播出苗至鲜穗采收约 81 天。幼苗叶鞘红色，叶片绿色，花药淡红色。株型半紧凑，株高约 213 厘米，穗位高约 97 厘米，成株叶数 21～22 片。花丝红色，果穗筒形，穗长约 19.7 厘米，穗行数 14～16 行，穗轴白色，籽粒白色、糯质和甜质型，千粒重（鲜籽粒）约 327 克。平均倒伏（折）率 2%。接种鉴定，抗腐霉茎腐病，中抗纹枯病，感小斑病。品尝鉴定 86.1 分，品质检测皮渣率 10%、支链淀粉占总淀粉含量的 97.7%。2014—2015 年参加东南鲜食糯玉米区域试验，2 年平均亩产鲜穗 808.9 千克。中等肥力以上地块栽培，亩种植 3 000 株左右。注意防止倒伏。

适宜广东、广西、海南、福建、浙江、江西、上海、江苏中南部、安徽中南部等地作鲜食糯玉米春播种植。注意防治小斑病。

（二十）桂甜糯 525

广西壮族自治区农业科学院玉米研究所选育，2016 年国家审定。东南地区春播出苗至鲜穗采收约 81 天。幼苗叶鞘紫色，叶片绿色，叶缘绿色，花药紫褐色，颖壳绿色带紫色条纹。株型平展，株高约 228.7 厘米，穗位高约 100.2 厘米，成株叶数 18～20 片。花丝淡绿色，果穗筒形，穗长约 18.1 厘米，穗行数 14～18 行，穗轴白色，籽粒白色、糯质型，千粒重（鲜籽粒）约 299克。平均倒伏（折）率 4.2%。接种鉴定，抗霉茎腐病和纹枯病，感小斑病。品尝鉴定 85.4 分，品质检测支链淀粉占总淀粉含量的 97.6%、皮渣率 8.9%。2014—2015 年参加东南鲜食糯玉米品种区域试验，2 年平均亩产鲜穗 794.3 千克。中等肥力以上地块栽培，亩种植 3 300～3 600 株。隔离种植，适时采收。

适宜江苏中南部、安徽中南部、上海、浙江、江西、福建、广东、广西、海南等地作鲜食糯玉米春播种植。注意防治小斑病。

二、甜玉米主栽品种

（一）鲁单 801

山东省农业科学院玉米研究所选育，2017 年山东省审定。播种至鲜穗采收约 67.8 天，株高约 249 厘米，穗位高约 95 厘米，双穗率 9.3%，空秆率 0.3%，倒伏率 11.9%，倒折率 0.2%。穗长约 18.4 厘米，穗粗约 4.6 厘米，穗粒数约 531.6 粒，轴色白色，秃顶约 0.9 厘米，穗圆筒形。鲜穗风味品质为 9 分（区试参试品种中最高分），鲜穗商品果穗率约 87.1%，鲜穗籽粒黄色。株型平展，抗大斑病、小斑病、弯孢菌叶斑病、青枯病、粗缩病、锈病等病害。2016 年参加山东省鲜食玉米区域试验，每亩种植 4 000 株左右，商品鲜穗产量约 807.6 千克，折合商品鲜穗 3 827.5 个。综合抗病性好，商品鲜穗产量高，鲜穗风味品质好。

适宜山东及黄淮海地区作鲜食专用甜玉米品种种植。每亩适宜种植 3 500～4 000 株。

（二）京科甜 179

北京市农林科学院玉米研究中心选育，2015 年国家审定。

东北、华北春玉米区出苗至鲜穗采摘约 82 天。幼苗叶鞘绿色，叶片浅绿色，叶缘绿色，花药粉色，颖壳浅绿色。株型平展，株高约 224 厘米，穗位高约 82.6 厘米，成株叶数 18 片。花丝绿色，果穗筒形，穗长约 19.9 厘米，穗粗约 4.9 厘米，穗行数 14～16 行，穗轴白色，籽粒黄白色、甜质型，千粒重（鲜籽粒）约 380 克。接种鉴定，中抗丝黑穗病，感大斑病。品尝鉴定 86.6 分，品质检测皮渣率 4.5%、还原糖含量 9.9%、水溶性糖含量 33.6%。

黄淮海夏玉米区出苗至鲜穗采摘约 72 天。株高约 207.8 厘米，穗位高约 66.9 厘米。穗长约 18.7 厘米，穗粗约 4.8 厘米，千粒重（鲜籽粒）约 392 克。接种鉴定，感小斑病、茎腐病、瘤黑粉病，高感矮花叶病。品尝鉴定 86.8 分，品质检测皮渣率 11.2%、还原糖含量 7.76%、水溶性糖含量 23.47%。

2013—2014 年参加东北、华北鲜食甜玉米品种区域试验，2 年平均亩产鲜穗 933.3 千克；2014 年生产试验，平均亩产鲜穗 889.8 千克。2013—2014 年参加黄淮海鲜食甜玉米品种区域试验，2 年平均亩产鲜穗 786.7 千克；2014 年生产试验，平均亩产鲜穗 820.9 千克。中等肥力以上地块栽培，4 月底至 5 月初播种，亩种植 3 500 株左右。隔离种植，适时采收。

适宜北京、河北、山西、内蒙古、辽宁、吉林、黑龙江、新疆等地作鲜食甜玉米春播种植，注意防治大斑病。还可在北京、天津、河北、山东、河南、江苏和安徽部分地区、陕西关中灌区等地作鲜食甜玉米品种夏播种植。注意防治小斑病、茎腐病、瘤黑粉病和矮花叶病。

（三）中农甜 414

中国农业大学选育，2015 年国家审定。黄淮海地区夏播出苗至采收约 70 天。幼苗叶鞘绿色，叶片绿色，花丝绿色，花药黄绿色。株高约 176 厘米，穗位高约 52 厘米。果穗筒形，穗长约 19 厘米，穗粗约 4.6 厘米，穗行数 14～16 行，穗轴白色，籽粒黄白色，千粒重（鲜籽粒）约 376 克。接种鉴定，中抗茎腐病、小斑病，高感矮花叶病，感瘤黑粉病。品尝鉴定为 84.72 分，品质检测皮渣率 10.51%、水溶性糖含量 20.3%、还原糖含量 11.8%。2012—2013 年参加黄淮海鲜食甜玉米品种区域试验，2 年平均亩产鲜穗 725.2 千克。2014 年生产试验，平均亩产鲜穗 751.7 千克。中等肥力以上地块栽培，亩种植 3 500 株左右。隔离种植，适时采收。

适宜北京、天津、河北保定及以南地区、山东、河南、江苏和安徽部分地区等地作鲜食甜玉米夏播种植。注意防治瘤黑粉病和矮花叶病。

（四）金冠 218

北京中农斯达农业科技开发有限公司、北京四海种业有限责任公司选育，2016 年国家审定。

东北、华北春玉米区出苗至鲜穗采收约 90 天。幼苗叶鞘绿色。株型半紧凑，株高约 253.4 厘米，穗位高约 103.8 厘米，成株叶数 17～20 片。花丝绿色，果穗筒形，穗长约 23.1 厘米，穗粗约 5 厘米，穗行 16～18 行，穗轴白色，籽粒黄色、甜质型，千粒重（鲜籽粒）约 348 克。接种鉴定，中抗大斑病，感丝黑穗病。品尝鉴定 85.5 分，品质检测皮渣率 5.97%、还原糖含量 9.56%、水溶性糖含量 29.5%。

黄淮海夏玉米区出苗至鲜穗采收约 77 天。株高约 233 厘米，穗位高约 89 厘米。穗长约 21.6 厘米，穗粗约 5 厘米，千粒重（鲜籽粒）约 377 克。接种鉴定，抗小斑病，中抗茎腐病，感矮花叶病和瘤黑粉病。品尝鉴定 84.76 分，品质检测皮渣率 8.78%、还原糖含量 7.85%、水溶性糖含量 23.68%。

2014—2015 年参加东华北鲜食甜玉米品种区域试验，2 年平均亩产鲜穗 1 061 千克。2014—2015 年参加黄淮海鲜食甜玉米品种区域试验，2 年平均亩产鲜穗 1 025.8 千克。中等肥力以上地块栽培，4 月下旬至 7 月上旬播种，亩种植 3 500 株左右。隔离种植，适时采收。

适宜北京、河北、山西、内蒙古、黑龙江、吉林、辽宁、新疆等地作鲜食甜玉米春播种植，注意防治丝黑穗病。还可在北京、天津、河北、山东、河南、陕西、江苏北部、安徽北部等地作鲜食甜玉米夏播种植，注意防治矮花叶病和瘤黑粉病。

（五）石甜玉 1 号

石家庄市农林科学研究院选育，2016 年国家审定。黄淮海夏玉米区出苗至鲜穗采收约 76 天。幼苗叶鞘绿色。株型松散，株高约 243.5 厘米，穗位高约 90.7 厘米。绿色花丝，果穗筒形，穗长约 20.9 厘米，穗粗约 4.8 厘米，穗行数 14～16 行，穗轴白色，籽粒黄色、硬粒型，千粒重（鲜籽粒）约 367 克。接种鉴定，抗茎腐病，感小斑病和瘤黑粉病，高感矮花叶病。品尝鉴定 85.7 分，品质检测皮渣率 8.66%、还原糖含量 8.17%、水溶性糖含量 23.9%。2014—2015 年参加黄淮海鲜食甜玉米品种区域试验，2 年平均亩产鲜穗 897.3 千克。中等肥力以上地块栽培，5 月下旬至 6 月中旬播种，亩种植 3 500 株左右。隔离种植，适时采收。

适宜北京、天津、河北、山东、河南、陕西、江苏北部、安徽北部等地作鲜食甜玉米夏播种植。注意防治小斑病、矮花叶病和瘤黑粉病。

（六）ND488

中国农业大学选育，2016 年国家审定。黄淮海夏玉米区出苗至鲜穗采收约 71 天。幼苗叶鞘绿色。株型松散，株高约 197.5 厘米，穗位高约 68.8 厘米。花丝绿色，果穗筒形，穗长约 19.3 厘米，穗粗约 4.9 厘米，穗行数 14～16 行，穗轴白色，籽粒黄色、硬粒型，千粒重（鲜籽粒）约 418 克。接种鉴定，中抗小斑病，感茎腐病和瘤黑粉病，高感矮花叶病。品尝鉴定 86.7 分，品质检测皮渣率 8.31%、还原糖含量 7.65%、水溶性糖含量 24.08%。2014—2015 年参加黄淮海鲜食甜玉米品种区域试验，2 年平均亩产鲜穗 867.7 千克。中等肥力以上地块栽培，5 月下旬至 6 月中旬播种，亩种植 3 500 株左右。隔离种植，适时采收。

适宜北京、天津、河北、山东、河南、陕西、江苏、安徽北部等地作鲜食甜玉米夏播种植。注意防治茎腐病、矮花叶病和瘤黑粉病。

（七）郑甜 66

河南省农业科学院粮食作物研究所选育，2016 年国家审定。黄淮海夏玉米区出苗至采收约 78 天。幼苗叶鞘绿色。株型半紧凑，株高约 253.7 厘米，穗位高约 91.4 厘米。花丝绿色，果穗筒形，穗长约 21.2 厘米，穗粗约 4.7 厘米，穗行数 14～16 行，穗轴白色，籽粒黄色、硬粒型，千粒重（鲜籽粒）约 381 克。接种鉴定，中抗茎腐病和小斑病，感瘤黑粉病，高感矮花叶病。品尝鉴定 84.2 分，品质检测皮渣率 10.11%、还原糖含量 7.46%、水溶性糖含量 23.57%。2014—2015 年参加黄淮海鲜食甜玉米品种区域试验，2 年平均亩产鲜穗 881.6 千克。中等肥力以上地块栽培，5 月下旬至 6 月中旬播种，亩种植 3 500 株左右。隔离种植，适时采收。

适宜北京、天津、河北、山东、河南、陕西、江苏、安徽北部等地作鲜食甜玉米夏播种植。注意防治矮花叶病和瘤黑粉病。

（八）粤甜 22 号

广东省农业科学院作物研究所选育，2016 年国家审定。东南地区春播出苗至鲜穗采收约 84 天。株高约 231.9 厘米，穗位高约 89.9 厘米。穗长约 19.3 厘米，穗轴白色，粒色黄色，千粒重（鲜籽粒）约 369 克。接种鉴定，中抗腐霉茎腐病和纹枯病，感小斑病。品尝鉴定 85.7 分，品质检测皮渣率 9.25%、还原糖含量 6.85%、水溶性糖含量 21.45%。2014—2015 年参加东南鲜食甜玉米品种区域试验，2 年平均亩产鲜穗 946.2 千克。中等肥力以上地块栽培，亩种植 3 200～4 000 株。隔离种植，适时采收。

适宜江苏中南部、安徽中南部、上海、浙江、江西、福建、广东、广西、海南等地作鲜食甜玉米春播种植。注意防治小斑病。

第四章
鲜食玉米栽培关键技术

鲜食玉米种类主要分为糯玉米、甜糯玉米、甜玉米和笋玉米。糯玉米是指籽粒胚乳中的淀粉全部为支链淀粉的玉米品种，也称为蜡质玉米。甜玉米是指胚乳中控制糖分转化的基因发生隐性突变后，胚乳中淀粉含量减少，可溶性糖含量增加的玉米品种。甜糯玉米是指甜和糯两种籽粒在同一果穗存在，同时具有又糯又甜口感的玉米品种。笋玉米是指专门用于采摘刚抽花丝而未受精的玉米笋的玉米品种。

一、整地播种技术

为了保证鲜食玉米果穗有较高的商品性，需要严格控制产地环境，规范播种技术。产地一般需要选择远离交通干道和污染源，且地势平坦、灌排方便、土壤肥沃、保水保肥较好、周边无其他玉米品种种植的地块。

（一）整地施基肥

与普通玉米相比，鲜食玉米对耕地要求更高一些。生产中一般选择土层深厚、土质疏松、保水保肥性能较好的地块种植鲜食玉米。种植前最好进行 1 次深耕，耕深 16～25 厘米，结合整地每亩施有机肥 1 000 千克。耕地后清除土壤里的石块等杂物，将地块耙碎整平，达到上虚下实、无坷垃。

（二）播种技术

糯玉米和甜糯玉米采摘和上市时间对其价格有较大影响，需要根据品种自身生育期长短和当地气候特点选择适合的种植品种，同时还要根据当地消费者喜好选择不同颜色的品种，如黄色、白色、紫色等。经国家或本省审定的品种更为安全可靠。糯玉米和甜糯玉米播种技术基本相同。

1. 品种选择及种子处理 选用生育期适中、植株整齐一致、果穗大小均匀、鲜食品质优良、产量较高、综合抗性较好并经审定适宜当地种植的品种。播种前进行发芽试验，以确定播种量。在播种前选择晴暖天气，将种子摊开连续晒 2～3 天，期间经常翻动种子确保晒匀，以增强种子活力、提高出苗率。播种前应对种子进行药剂处理（包衣种子除外）。

2. 糯玉米播种技术

（1）隔离种植 糯玉米和甜糯玉米品质受隐性基因控制，为了防止吐丝期受到其他类型玉米花粉影响而降低其品质和口感，一般选择空间隔离种植或时间隔离种植。

①空间隔离 根据糯玉米和甜糯玉米的不同用途，最好能与其他玉米隔离 200 米以上。也可利用树林、山岗、高秆作物等自然隔离屏障，起到防止串粉的作用。

②时间隔离 主要是错开糯玉米（甜糯玉米）与其他玉米的花期，以防止因同时开花而产生杂交现象。为了起到时间隔离效果，要求花期应相隔 15 天以上（根据播种时间和品种生育期而定）。

（2）播种方法

①春季播种 春季播种在 10 厘米地温稳定达到 12℃以上时进行，一般为 4 月中下旬至 5 月中旬，地膜覆盖可以提前至 3 月底至 4 月初播种。覆地膜直播分为先播种后覆膜和先覆膜后播种

2 种方式，前者是先开沟播种，盖土后喷除草剂，最后覆地膜，地膜四周用土压实，出苗后要及时破膜放苗；后者是先覆地膜后打孔点播，适合沙壤土种植。覆地膜直播需及时定苗，膜上洞口宜小，并用土盖严，以免漏风降低膜内温度。覆地膜直播具有良好的保温、保湿效果，既可提前播种、提早成熟，又可防止杂草生长，免去了中耕、除草、培土等工作。

②分期播种　鲜食玉米可以分期多次播种，以满足不同时期采收上市的需求。根据不同品种、不同季节从播种到采收的时间来合理安排播种时间，北方地区最迟播种期不晚于 7 月中旬。建议生产中根据市场或加工能力每隔 5～10 天播种 1 次。

③合理密植　为了提高鲜食糯玉米鲜穗的商品率，播种密度不宜过大，一般以每亩种植 3 000～4 000 株为宜。鲜食玉米种子发芽率较普通玉米低，为了保证种植密度，需要加大播种量，每穴可播 2～3 粒种子。播种深度为 3～5 厘米，并做到深浅一致、足墒播种。也可以育苗移栽。

另外，为确保糯玉米及甜糯玉米的种植密度，还应注意及时间苗定苗、除蘖打杈以及去除弱株病株。一般在幼苗可见 3 片叶时开始间苗，5 片叶时开始定苗。病虫害发生较严重的地方可适当推迟间苗定苗。

3. 甜玉米播种技术

（1）**隔离种植**　与糯玉米及甜糯玉米相比，甜玉米对于隔离种植的要求更为严格。空间隔离要求与其他类型玉米相隔 300 米以上；时间隔离要求与其他类型玉米相隔 20 天以上。

（2）**播期选择**　选择适宜的播种期，可以有效保证甜玉米各个生育阶段的光、温需求，提高其生长性能，从而提高甜玉米的产量与质量。当 10 厘米地温达到 10℃以上，耕层（0～20 厘米）土壤相对含水量达到 60%～70% 时即可播种。甜玉米栽培提倡育苗移栽，采用玉米专用育苗盘播种育苗，1 穴 1 苗，在 2.5～3 叶期选择健壮苗移栽定植，移栽最好在阴天或晴天的下午进行，移栽后浇足定根水。

（3）**合理密植** 甜玉米播种密度可适当高于糯玉米及甜糯玉米，一般适宜密度为每亩种植 3 500～4 500 株。

二、水分管理技术

水分与玉米器官建成有密切关系，是玉米进行各项生命活动需求量最多的物质。水分过多，茎叶生长过快，坚韧性差，易倒伏；干旱缺水，则抑制玉米生长，产量降低。另外，灌浆结实期水分胁迫是影响鲜食玉米籽粒品质的关键因素。因此，鲜食玉米栽培优化水分管理对其产量及品质的形成有着至关重要的作用。糯玉米、甜糯玉米和甜玉米栽培水分管理技术大体一致。

（一）合理灌溉

1. 播种期浇水 土壤水分是影响玉米出苗的重要因素，播种期浇水可保证鲜食玉米苗全、苗匀、苗壮和整齐度，是获得高产的基础，是极为关键的一次灌溉。

春季播种，采用冬灌或早春灌，既可以防止播种时地温低，又可避免与其他作物春季争水。夏季直播鲜食玉米可在麦收后立即浇水造墒，择期播种。没有造墒条件的可以先播种，随后立即浇蒙头水。

2. 拔节期浇水 在拔节期前，如果底墒较好，一般不建议浇水，其目的是使幼苗根系下扎，增强中后期抵御干旱胁迫和抗倒伏能力。拔节后玉米耗水量增大，各器官迅速生长，雄穗、雌穗开始分化，亏水严重会导致雌穗吐丝延期。因此，在降水不足的情况下，鲜食玉米拔节后应适时灌溉，以提高对土壤养分的吸收，增强植株光合能力，从而促进干物质积累。

3. 大喇叭口期浇水 玉米在大喇叭口期，雌穗进入小花分化期，对水分反应敏感。适当浇水可以促进气生根发生，可缩短雌穗、雄穗抽出间隔的时间，提高结实率和穗粒数。

4. 抽穗开花期浇水　在玉米抽穗开花期，耗水强度达到最大，此期为鲜食玉米的关键灌溉期。如果这期间水分亏缺，将导致花粉寿命缩短、数量减少，吐丝延迟，花丝活力降低，籽粒败育，产量降低。

5. 灌浆结实期浇水　灌浆结实期土壤水分胁迫对糯玉米粉糊化和热力学特性有显著影响，因此在该期应结合土壤墒情适量浇水。

（二）抗旱保墒

旱地和无灌溉条件的鲜食玉米，主要利用自然降水，生产中要采取多种措施保墒，蓄住自然降水。

1. 蹲苗　鲜食糯玉米幼苗期应减少水分供应，促使根系下扎，根冠比增大，增加叶绿素含量，保持光合作用旺盛。经过蹲苗锻炼的鲜食玉米，如果遭遇干旱，植株保水能力强，耐旱能力增加。

2. 增肥调水　增施磷、钾肥，可以提高鲜食糯玉米的耐旱性。氮肥施入量要合理，过多和不足都不利于耐旱。磷、钾肥能促进核糖核酸（RNA）、蛋白质的合成，提高胶体的水合度，增加原生质的含水量，从而提高耐旱能力。

增施有机肥，不仅可以改变土壤的物理形状，更能增强土壤蓄水、保水能力，而且促使根系向土壤深层扩展，提高植株吸水耐旱能力。

3. 地膜覆盖　大田覆盖地膜后不仅保温，更阻隔了水分的散发。白天气温高，地膜下聚集了大量水汽，夜间遇冷在膜下凝结成水珠，滴落渗进土壤。

4. 秸秆覆盖　在地面覆盖秸秆，既能减少水分蒸发，还能抑制杂草生长。

（三）排　涝

土壤含水量超过田间最大持水量，土壤水分处于饱和状态，根系缺氧，严重影响鲜食玉米生长发育。我国鲜食玉米栽培期多处于雨季，涝害问题发生严重，因此应注意鲜食玉米田间排涝：①因地制宜挖沟排水。遇涝能保证排出积水。②低洼易涝地块起垄种植，既利于防涝，还比平地种植增产。③增施肥料。涝害发生后，鲜食玉米易发生脱肥现象，及时追肥可以改善土壤养分供应状况，使鲜食玉米迅速恢复生长。

三、科学施肥技术

鲜食玉米栽培，生产中既要通过施肥满足作物对养分的需求，又要充分利用土壤自身供肥潜力，提高肥料利用效率。糯玉米、甜糯玉米及甜玉米的需肥规律、缺素诊断等大体相同，仅在肥料用量、需肥种类上略有差异。

（一）需肥规律

鲜食玉米的产量与氮、磷、钾三大元素关系最为密切，一般每生产 100 千克玉米籽粒需要吸收氮素 2.5 千克、五氧化二磷 0.98 千克、氧化钾 2.49 千克。从出苗到成熟，氮、磷、钾吸收量逐渐增加，在小喇叭口期前增长速度较慢，随后加快。

鲜食玉米拔节期至大喇叭口期（约占总量的 37.27%）和吐丝期至籽粒建成期（约占总量的 31.62%）两阶段对氮需求量最大。氮肥施用方法和形式因地力、气候不同而不同，高产田肥力基础好，可以轻苗肥（30%～40%）、重穗肥（约 50%）、补粒肥（约 20%）；中产田可以施足苗肥（约 40%）、重追穗肥（约 60%）；低产田可以重苗肥（约 60%）、轻追穗肥（约 40%）。

鲜食玉米吸收磷的规律与氮类似，拔节期到大喇叭口期约占总量的 26.07%，灌浆中期约占总量的 35.87%。为了满足后期对磷的需求，可以在灌浆期叶面喷施磷肥。

鲜食糯玉米拔节期到大喇叭口期吸收钾最多，以后下降，因此钾肥作基肥或在拔节期追施效果好。

（二）营养诊断

营养诊断是通过土壤分析、植株外形分析或其他生理生化指标测定的，可通过营养诊断结果指导施肥或进行其他栽培管理。根据鲜食玉米叶片及其他器官的表现症状，可以初步判断玉米是否缺乏某种营养元素（表 4-1）。

表 4-1 玉米主要营养元素缺乏症状

缺乏元素	主要症状	敏感部位	补救措施
氮	幼苗生长缓慢且矮小细弱。先从下部叶片的叶尖开始变黄，然后沿叶脉伸展，最后整个叶片呈现"V"形发黄干枯。后期还会引起雌穗发育延迟，粒小穗小，产量降低	老叶	施足基肥，分次追施苗肥、拔节肥和穗肥。后期可每隔 7 天叶面喷施 1 次 1%~2% 尿素溶液
磷	幼苗根系发育不良，叶色暗绿而带紫色，叶尖干枯呈现暗褐色。开花期缺磷，吐丝延迟，果穗秃尖，成熟晚	新叶	追施过磷酸钙，或水溶性磷肥。也可每隔 7 天叶面喷施 1 次 1% 过磷酸钙浸出液或 0.2%~0.5% 磷酸二氢钾溶液
钾	幼苗发育缓慢，叶色淡绿且有黄色条纹，下部叶片叶缘及叶尖干枯呈灼烧状	老叶	增施有机肥，追施氯化钾或硫酸钾，也可每隔 7 天叶面喷施 1 次 0.2%~0.3% 磷酸二氢钾或硫酸钾溶液
钙	生长点发黑呈黏质化，叶片不能展开，上部叶片扭曲，茎基部膨大并有产生侧枝的趋势，植株矮化严重，轻微发黄	生长点和新生叶	追施石灰或石膏粉，也可叶面喷施 0.5% 氯化钙溶液

续表 4-1

缺乏元素	主要症状	敏感部位	补救措施
镁	苗期上部叶片发黄，后叶脉间出现由黄到白的条纹。叶片从叶尖沿叶缘由红变紫。严重缺乏时，整个植株均出现脉间条纹，条纹可能带白色坏死斑点，呈现鳞状条纹	新、嫩叶	施硫酸镁，并配施有机肥、磷肥和硝态氮肥
硫	症状与缺氮相似，叶片发黄且颜色更深，上部嫩叶叶脉比叶片浅，下部叶片和茎秆出现红色	老叶	选择施用过磷酸钙、硫酸钾、硫酸锌等含硫肥料
锌	出苗后 2～3 周下部叶片中脉两侧出现淡黄绿色条纹，从叶片基部伸展到叶片中部和叶尖，中脉和叶缘仍保持绿色。严重缺乏会导致生长缓慢甚至死亡	老叶	基肥可添加七水硫酸锌，或追施硫酸锌。也可每隔 7 天叶面喷施 1 次 0.2%～0.3% 硫酸锌溶液

（三）施肥技术

1. 施肥方法

（1）**基肥** 播种前施入耕层的肥料称为基肥，一般是农家肥和氮、磷、钾、锌等肥混合施用。可开沟条施，肥料较多时可均匀撒施后耕翻入土。基肥中氮肥施用量约占总用量的 1/4～1/3，磷肥约占 2/3，钾肥绝大部分或全部作基肥。

（2）**种肥** 在播种时施在种子附近的肥料称为种肥。鲜食糯玉米对种肥要求比较严格，肥料应酸碱度适中，对种子无腐蚀，不能影响种子发芽出苗，且以易被吸收的速效肥为主。种肥应与种子隔离或与土壤混合，可条施或穴施。如果采用机械种、肥同播，种肥要施在种子侧下方。

（3）**追肥** 鲜食糯玉米有 3 个施肥高效期，即拔节期、大喇叭口期、吐丝期。追肥应在行间避开玉米根系开沟施入，禁止地表撒施。追肥时间和次数要按鲜食糯玉米需肥规律进行，还要综合考虑土壤肥力、基肥及种肥的施入量。在追肥时，可适当喷施硒肥、锌肥等微量元素。

2. 施肥量　足量的基肥是保证鲜食玉米整个生长期内对肥料需要的前提，基肥不仅量要足，其配比也要合理。一般按每公顷施纯氮 150 千克、五氧化二磷 120 千克、氧化钾 150 千克折合成肥料实物量，混匀后作基肥一次施入。每公顷可施腐熟有机肥 30 000～45 000 千克或商品有机肥 1 500～2 000 千克。在鲜食玉米需肥关键期应及时追肥，以满足鲜食玉米生长发育需要。一般大喇叭口期（10～12 片叶展开）每公顷追施纯氮 120～150 千克，采用沟施或穴施，追肥部位应距植株根部 10～15 厘米、深度 8～10 厘米。

3. 优选复合肥　选择符合《复混肥料（复合肥料）》（GB 15063—2009）标准的复合肥，没有 S 符号的复合肥皆含有氯化钾，不可作种肥，建议选择有 S 符号的复合肥。微碱性、有机质含量低、有效氮和磷缺乏的土壤，建议选择酸性复合肥，如磷酸一铵或腐殖酸类复合肥；红黏土或酸性棕壤土应选碱性复合肥，如磷酸二铵。同时，根据施肥方法，应选择不同剂型的复合肥。作种肥时应选择颗粒状复合肥，而且硬度越高越好，如铵态氮配制的复合肥，肥料利用效率高且肥效长；作追肥时应选择粉状复合肥，并要求水溶性磷含量应大于 40%。

四、病虫草害防治技术

病虫草害是鲜食玉米栽培中需解决的关键问题，对产量、商品性以及品质有着重要影响。由于鲜食玉米的特殊性，其病虫草害防治应本着低毒、低残留的原则，以预防为主、防治结合，严禁在采收前 25 天内施药，严禁施用高毒、高残留农药。

（一）除草技术

鲜食玉米生育期多处于高温多雨季节，田间多种杂草生长旺盛，与玉米竞争光、水、肥等资源，影响产量。据统计，杂草危害可使玉米减产 20%～30% 及以上。鲜食玉米田间杂草防治包括播种后出苗前封闭、出苗后茎叶处理及中后期定向喷雾等措施。

1. 播种后出苗前封闭　整地前用 10% 草甘膦水剂 1 000 毫升兑水 30 倍喷洒在杂草上。播种后出苗前或幼苗 2 叶前、杂草 1～2 叶期选用乙草胺乳油和异丙甲草胺乳油混合兑水，对土壤喷雾，不仅可封闭杂草，且对下茬作物安全。喷药后尽量浇 1 次水，或降雨后喷施。如果天气干旱，土壤墒情差或田间麦秸多，要加大兑水量，一般每亩兑水量为 3～4 喷雾器，以提高封草效果。

2. 苗后除草　鲜食玉米苗期或生长中后期可用 20% 百草枯水剂 200 毫升兑水 150 倍在行间进行定向喷雾。由于部分鲜食玉米品种对烟嘧磺隆类苗后除草剂十分敏感，生产中苗后施用除草剂一定要谨慎选择。有条件的可以采用物理除草或人工除草。

（二）虫害及防治

1. 地下害虫

（1）物理防治　根据小地老虎、蛴螬和蝼蛄的趋光性，采用黑光灯或黑绿单管灯或频振式诱虫灯诱杀成虫。

（2）化学防治　播种前用 50% 辛硫磷乳油拌种，或播种时将毒死蜱颗粒混细沙撒于播种穴。幼苗出土后用辛硫磷淋根防治，也可用 40% 乐果兑水喷雾，或用敌百虫与炒香花生麸拌匀制成毒饵诱杀。

2. 玉 米 螟

（1）物理和生物防治　在螟蛾产卵盛期释放赤眼蜂杀死虫卵，成虫发生期用黑光灯或性诱剂诱杀。

（2）化学防治　苗期用 1% 甲维盐 10 毫升兑水 3 000 倍或用

25% 氯氟氰菊酯乳油 10 毫升兑水 3 000 倍喷雾防治。喇叭口期每亩用苏云金杆菌可湿性粉剂 200 克混细沙 10 千克施于喇叭口，每株 2～3 克。穗期用 90% 晶体敌百虫 70 克兑水 500 倍灌心叶，或用 50% 辛硫磷乳油兑水 1 000 倍灌注于雄、雌穗花丝基部毒杀幼虫。

3. 粘虫　用 50% 辛硫磷乳油 80 毫升兑水 1 000 倍或 48% 毒死蜱乳油 50 毫升兑水 1 000 倍，或 90% 晶体敌百虫 50 克兑水 800 倍喷雾防治。

4. 蚜虫　用 10% 吡虫啉可湿性粉剂 50 克兑水 1 000 倍，或 50% 抗蚜威可湿性粉剂 20 毫升兑水 2 000 倍，或 1.8% 阿维菌素乳油 20 毫升兑水 3 000 倍，或 25% 噻虫嗪水分散粒剂 2 克兑水 4 000 倍，或 40% 乐果乳油 2 000 倍液喷雾防治。

5. 斜纹夜蛾和甜菜夜蛾　在卵孵盛期或低龄幼虫发育初期，用 10% 虫螨晴悬浮剂 30 毫升兑水 2 000 倍，或 10% 吡虫啉可湿性粉剂 50 克兑水 3 000 倍喷雾防治。

（三）病害及防治

1. 大小斑病　可用 75% 百菌清可湿性粉剂 500 倍液，或 80% 代森锰锌可湿性粉剂 600 倍液喷雾防治。

2. 纹枯病　可用 5% 井冈霉素水剂 1 000 倍液，或 70% 甲基硫菌灵可湿性粉剂 500 倍液喷雾防治。

3. 细菌性心腐病、细菌性茎腐病　发病区应种植抗病品种，发病初期可喷施 2% 嘧啶核苷类抗菌素水剂或硫酸链霉素。

五、适时采收技术

鲜食玉米是以采收新鲜果穗为目的，因此确定适宜的采收期非常重要。

（一）糯玉米与甜糯玉米采收

鲜食糯玉米灌浆速度快，为了保证其品质和口感应适时采收。采收过早，籽粒中营养物质积累不足，甜而不黏，而且产量低；采收过晚，籽粒中淀粉含量过多，种皮变厚，黏而不甜。

1. 计算采收时间 一般糯玉米在授粉后 22～26 天收获。授粉后环境温度高、光照强，可适当提前采收（20 天左右）；授粉后环境温度低、光照弱，则采收期可适当延后至 25～30 天。

2. 外部观察 糯玉米植株的花丝干枯并变为黑褐色、苞叶开始有失水迹象、籽粒体积基本达到最大、胚乳呈糊状、粒顶即将变硬、用手可掐出少许浆状乳汁时，即可采收。

3. 测定籽粒含水量 果穗含水量为 60%～65%、籽粒含水量为 59%～64% 时，即可采收。

（二）甜玉米采收

甜玉米采收期直接影响其含糖量、糖组分等重要品质。采收过早，产量低、糖分积累少，尚未形成品种固有品质与风味；采收过迟，籽粒变硬，含糖量下降，鲜食品质差。

1. 计算采收时间 根据糖分积累规律判定采收期，普通甜玉米的适宜采收期为授粉后 18～26 天，加强甜玉米可适当放宽，超甜玉米的适宜采收期为授粉 20 天之后。

2. 测定籽粒含水量 鲜食甜玉米适宜采收期的果穗及籽粒含水量较糯玉米高，籽粒含水量 68%～74% 为甜玉米鲜穗适期采收指标。

第五章
鲜食玉米间作套种栽培模式

　　玉米已发展成为全世界最重要的粮食、饲料、经济兼用作物，在国民经济和人民生活中占有越来越重要的地位。间作套种是时间和空间上的集约种植方式，也是实现作物高产、高效的重要种植技术。近年来，随着生产条件的改善和科学技术的不断提高，以玉米为主，间作套种豆类、麦类、薯类、菜（瓜）类等其他作物的种植模式迅速发展，种植面积不断扩大，类型日趋增多，内容更加丰富，效益持续增长，已成为我国合理利用的农业资源，成为实现农业高产优质、持续发展的重要组成部分。

一、鲜食玉米与花生间作套种

（一）种植模式

　　1. 稳粮增油模式　该模式的特点是通过缩小玉米株行距，在保证玉米间作密度与单作接近的前提下，挤出带幅（较窄）种植花生，这样在保证玉米产量与单作持平或略有减产的情况下，增收一季花生，以稳粮为主增油为辅。该模式的核心技术指标是玉米和花生在间作带中的面积分配比例不能低于 6∶4，且玉米通过缩小株行距保证间作群体密度与单作接近，两者相差 ≤ 5%，具体种植模式包括玉米、花生行比以 2∶2 和 3∶2 间作 2 种（图 5-1，图 5-2）。

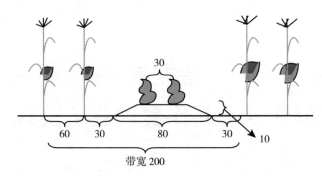

图 5-1　玉米、花生行比 2：2 间作模式 （单位：厘米）

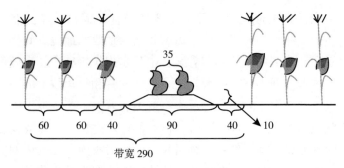

图 5-2　玉米、花生行比 3：2 间作模式 （单位：厘米）

　　2：2 间作模式种植规格：带宽 200 厘米，玉米、花生面积分配比例为 6：4；玉米小行距 60 厘米，株距 16 厘米；花生垄距 80 厘米，垄高 10 厘米，1 垄 2 行，小行距 30 厘米，穴距 15 厘米，每穴 2 粒种子。每亩间作田约种植玉米 4 150 株、花生 4 500 穴。

　　3：2 间作模式种植规格：带宽 290 厘米，玉米面积占整个间作带的比例约为 62.1%；玉米小行距 60 厘米，株距 17 厘米；花生垄距 90 厘米，垄高 10 厘米，1 垄 2 行，小行距 35 厘米，穴距 15 厘米，每穴 2 粒种子。每亩间作田约种植玉米 4 050 株、花生 3 100 穴。

　　①上述模式中，玉米面积占整个间作带的比例（％）＝（玉

米行数×小行距÷间作带宽）× 100%；②上述模式的新意在于通过合理分配玉米和花生的面积比例，缩小玉米株距，实现稳粮增油的目标。生产中也可不采用缩小株距的方法，进行常规间套作种植。

2. 粮油均衡模式　该模式的特点是通过缩小玉米株行距，保证间作玉米密度与单作接近的前提下，挤出带幅（较宽）来种植花生，这样在保证间作玉米产量相对于单作降低幅度较小的情况下增收花生，可在一定程度上满足粮食和油料作物的均衡发展，两者将保证一定的有效产量。该模式的核心技术指标是玉米和花生在间作带中的面积分配比例低于 6：4，留出宽幅间种花生，通过缩小玉米株行距保证间作群体密度与单作相比降低幅度≤ 20%，产量降低≤ 25%，每亩增收花生≥ 100 千克，具体模式包括玉米、花生行比 2：4 和 3：4 间作 2 种（图 5-3，图 5-4）。

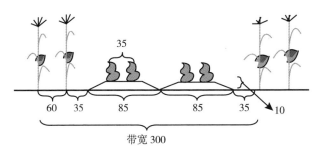

图 5-3　玉米、花生行比 2：4 间作模式　（单位：厘米）

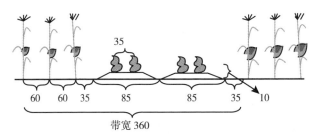

图 5-4　玉米、花生行比 3：4 间作模式　（单位：厘米）

2∶4间作模式种植规格：带宽300厘米，玉米、花生在间作带中的面积分配比例为4∶6；玉米小行距60厘米，株距14厘米；花生垄距85厘米，垄高10厘米，1垄2行，小行距35厘米，穴距15厘米，每穴2粒种子。每亩间作田约种植玉米3 200株、花生6 000穴。

3∶4间作模式种植规格：带宽360厘米，玉米、花生在间作带中的面积分配比例为5∶5；玉米小行距60厘米，株距15厘米；花生垄距85厘米，垄高10厘米，1垄2行，小行距35厘米，穴距15厘米，每穴2粒种子。每亩间作田约种植玉米3 700株、花生5 000穴。

①上述模式中，玉米面积占整个间作带的比例（%）＝（玉米行数×小行距÷间作带宽）×100%；②上述模式的新意在于通过合理分配玉米和花生的面积比例，缩小玉米株距，实现粮油均衡增产的目标。生产中也可以不采用缩小株距的方法，进行常规间套作种植。

3. 景观尺度上玉米、花生宽带幅间作模式　此种间作模式基本上是由单作玉米和单作花生两个相邻田块拼接而成，一般玉米行数和花生行数均≥4，具体的株行距配置无特殊要求。这种模式在大面积情况下能够产生较好的景观效应，改善区域农田景观面貌，构建美丽乡村。

（二）栽培技术要点

1. 水分管理

（1）播种到出苗期　玉米播种到出苗需水量较少，耗水量只占总需水量的3%～6.1%。一般土壤相对含水量60%～70%即可满足种子顺利发芽出苗的需要。

（2）苗期　出苗至拔节前，植株矮小，生长缓慢，蒸腾面积小，耗水量也小，只占总耗水量的15%～18%。为促进根系向纵深发展，应保持表土疏松干燥，下层土湿润，利于壮苗。一般认为，苗期耐旱不耐涝，土壤相对含水量以 50%～60% 为宜。

（3）**拔节到抽穗开花期**　玉米植株拔节以后，营养生长旺盛，对水分要求较高，耗水量占总耗水量的 45%～50%。特别是抽雄前 10 天到抽雄后 20 天的 1 个月左右，对水分的反应极为敏感，是需水临界期。此期干旱缺水，土壤相对含水量低于 40%，会造成卡脖旱，影响生殖器官的分化和抽雄吐丝，花粉发育不健全，雌穗小、花量少，散粉吐丝间隔加长，受精不良，导致缺粒、秃顶，结实率低，形成大量秕粒，甚至造成空秆，严重减产。此期土壤相对含水量应以 70%～80% 为宜。

（4）**灌浆成熟期**　玉米灌浆期到蜡熟期蒸腾面仍较大，需水仍较多，此期水分充足不仅可延长绿叶功能期，而且灌浆好、籽粒饱满，要求土壤相对含水量达 75% 左右。蜡熟期以后，需水量下降，要求土壤适当干燥，以利于成熟。灌浆到成熟期，耗水量占总量的 19%～31.5%。

2. 授粉与去雄　鲜食玉米授粉结籽阶段，要注意做好人工辅助授粉与去雄工作，提高雌穗受孕结实率，促进籽粒饱满。减少养分消耗和虫害，在授粉结束后（果穗花丝枯萎）剪去雄穗。鲜食玉米易出现一株多穗现象，应注意及时剥去多余的小穗，以提高产量与品质。此外，清除分蘖也可减少养分损失。

3. 间作玉米专用肥　玉米—花生间套作具有明显的吸收优势，能够充分挖掘土壤中累积的氮、磷、钾，大幅度提高氮、磷、钾肥的利用效率。另外，与单作花生相比，间套作还可使花生的固氮能力提高 10%～20%。因此，玉米—花生间套作可适量减少氮、磷、钾肥的投入，实现化学肥料减施，有助于农业生产的环境友好化。

根据玉米—花生间作体系中玉米对主要养分的吸收利用规律，介绍一种新型玉米配方专用控释肥料及其制备方法，供参考。

（1）**配方原理**　将不同的缓/控释材料添加到普通肥料中进行精准复配；同时，利用腐殖酸和其他土壤改良剂改良土壤，降低缓/控释材料的投入，使土壤具有缓/控释和营养功能，从而实现玉米播种时一次性施肥，后期不追肥，以节本增效。

（2）**养分质量比** 氮：五氧化二磷：氯化钾＝（10～15）：（5～10）：（10～15），总养分含量介于25%～40%之间。

（3）**配制原料** 树脂包膜尿素、普通尿素、过磷酸钙、硫酸钾或氯化钾、腐殖酸、长效复合肥添加剂（NAM，具有抑制脲酶、抑制硝化、稳定氨离子和植物生理活性调节的综合功能）和土壤改良剂（根据土壤情况自主选择）。

（4）**配制要求** 上述材料定量称完后混匀、造粒，颗粒直径≤4毫米，含水量≤10%（重量百分比）。

（5）**产品优点** ①适度减少氮、磷的养分比，适量施入钾肥，有利于增强间作条件下增密玉米的抗倒性。②缓、控结合。将普通尿素和树脂包膜尿素结合，在保证前期玉米速效养分需求的基础上，在肥料中添加NAM添加剂可以有效地减缓尿素在土壤中的水解，硝化抑制剂可以阻止铵态氮向硝态氮的转化；前期通过双控作用减少肥料流失，后期抑制剂失效释放出营养供玉米需要，可以延长氮肥肥效期，达到一次施肥，满足玉米整个生长期的需肥要求。③有机、无机结合，达到改土培肥的作用。传统的肥料大都以无机养分为主，配方肥添加了腐殖酸和其他特定的土壤改良剂，可以改良土壤的酸碱性，增加土壤的团粒结构，增强其缓冲能力，为高产高效奠定了良好的基础。④肥料用量少、增产效果好。新型玉米配方专用肥料，显著提高肥料利用率，氮、磷、钾当季利用率分别提高10%～15%、15%～20%和15%～20%，节省肥料20%～30%。

（6）**应用实例** 间作玉米播种时每亩一次性施新型玉米配方专用肥50千克（氮、磷、钾比例为10∶5∶10），对照为当地常规施肥，播种时每亩施复合肥50千克（氮、磷、钾比例为15∶15∶15），大喇叭口期每亩追施尿素10千克。结果表明：与常规施肥相比，新型玉米配方专用肥使穗粒数、容重和千粒重分别提高 1.5%、1.7% 和 4.2%，产量提高 10.5%，并明显减少了玉米穗秃顶数量，同时还节省了成本。另外，新型玉米配方专用肥还有助于改善耕层土壤性状，表现为土壤保水保肥能力增强、团聚体增多、饱和毛管水含量提高。

（三）产量与效益

辽宁省昌图县农业技术推广中心高扬进行的玉米—花生间作试验。结果表明，间作玉米亩产 799 千克，亩效益 663.6 元；单作玉米亩产 760 千克，亩效益 609 元，间作玉米比对照单作玉米亩增效益 54.6 元，增长率 9%；间作花生亩产 320 千克，亩效益 1 198 元，比对照单作玉米亩增效益 589 元，增长率 96.7%。

二、鲜食玉米与鲜食大豆间作套种

（一）种植模式

传统的玉米—大豆间作模式存在田间配置不合理、种植密度偏低、低位大豆光照条件较差等弊端。为有效解决这些问题，杨文钰教授团队在传统种植模式基础上，创建了更为科学合理的玉米—大豆带状复合种植模式。该模式在田间实行宽窄行配置，使作物能够充分利用边行优势，有效地提高了光能利用率和土壤产出率。

1. 品种选择　玉米—大豆带状复合种植模式，玉米应选择紧凑或半紧凑型品种，以增大透光率，满足低位作物大豆对于光能的需求，促进大豆叶面积指数增大、茎粗增加、干物质积累量提高，使群体整体产量较高；大豆宜选择晚熟、耐阴性较好的品种。

2. 播种期和密度　玉米适期早播有利于产量的提高，而且收获期提前可以缩短与大豆的共生期，可以保证大豆适宜的株高、较大的茎粗和理想的叶面积指数，利于大豆产量的增加。同时，玉米适当早播和适度密植，有利于套种体系总产量和总产值的提高。大豆适时晚播有利于提高大豆花后的干物质积累、群体生长率、荚果分配比率及单株粒数，有利于单株结荚数和千粒重的提高；适时早播有利于蛋白质和淀粉含量的提高。

玉米不同密度对大豆茎叶形态的影响主要体现在玉米收获前，后期影响效果无显著差异；但在玉米高密度条件下大豆产量显著低于中低密度条件下，玉米则是以中密度下的产量最高。大豆适宜密度有利于提高花后的干物质积累、群体生长率、荚果分配比率和产量。

3. 玉米、大豆带宽幅比配置 玉米—大豆带状复合种植模式，种植条带的宽窄以及带上玉米、大豆的幅比直接影响两种作物的空间分布，会对群体产量产生直接影响。带宽的配置对群体的养分分配、干物质积累及产量均会产生显著的影响，适宜的带宽幅比配置有利于套种大豆农艺性状改善和套种群体产量增加。廖敦平研究表明：在玉米—大豆带状套种体系中，玉米竞争能力强于大豆，但是随着窄行行距的增加，大豆竞争强度逐渐增强，玉米则逐渐减弱。适宜的带宽和幅比因品种及试验设置，结果存在差异，田间种植时应进行对比试验选择适宜配置。

（二）栽培技术要点

1. 整地施基肥 整地前，田间土壤含水量应掌握在"手捏不出水、手放土松开"的程度，杂草过多时用除草剂喷除。结合整地每公顷施三元复合肥 450～525 千克，可先在起垄机后面固定一块铁板用于平整畦面，再用起垄机起垄做畦。秋季栽培整地前，如土壤干燥先浇 1 次跑马水，再施肥起畦。每畦带沟宽 1～1.1 米。

2. 品种选择 玉米和大豆生育期要基本相似，以确保同期播种、同期收获，不影响下茬作物栽培。春季栽培，玉米品种可选用华珍、脆甜 201 等，大豆品种可选用浙鲜豆 8 号、浙鲜豆 9

号等；秋季栽培，要根据前茬的收获期和后期气候条件，以能满足鲜食玉米、鲜食大豆灌浆鼓粒为条件选择品种，玉米可选鲜甜5号、金玉甜2号等品种，大豆可选衢鲜5号、萧农秋鲜等品种。同时，要选择产量高、品质优、抗性好的品种，以提高单位面积产量和经济效益。

3. 播后覆膜　春季栽培，播种后覆盖地膜，既可保湿保温，促进出苗，又可有效防止田间杂草丛生。秋季栽培，不管是玉米还是大豆，均应做到：①现耕现播。②播后踏种，确保种子与土壤紧密接触。③覆盖一层薄土，利于种子及时、充分吸收水分，提高田间发芽率，以利苗全苗壮。

4. 及时间苗定苗　一般玉米每次播2粒种子、大豆每次播2～3粒种子，确保出苗后不空穴。玉米2叶1心、大豆出毛叶时检查田间出苗情况，及时进行间苗定苗，注意间密补缺。玉米每穴留1株苗，大豆每穴留2株苗，确保田间苗全、苗壮。

5. 施肥特性　玉米—大豆套作体系中，在每公顷施磷肥（P_2O_5）0～17千克条件下，增施钾肥有利于改善大豆植株基部节间形态，增强茎秆的抗倒性能，促进干物质运转和积累，提高单株荚数、籽粒充实度和产量。在每公顷施钾肥（K_2O）0～75千克条件下，增施磷肥有利于籽粒蛋白质的积累，而在不施钾肥的情况下增施磷肥有利于籽粒脂肪含量的提高。

6. 病虫害防治　玉米主要病害有大叶斑病、小叶斑病，虫害有地老虎、玉米螟；大豆病害，春季栽培主要是食心虫和粘虫，秋季栽培主要是粘虫和斜纹夜蛾。生产中应注意及时防治。

7. 适时收获　玉米最适采摘期为穗须转黑略干时；大豆最适采摘期为豆粒膨大后期的豆荚转色前。

（三）产量与效益

鲜食甜玉米和鲜食大豆在我国南方地区有较大的种植面积，两种作物间套作能够弥补由于单独种植对土壤养分偏吸收而造成的减产。生产中结合科学施肥、秸秆还田等配套技术，有效利用大豆根瘤菌的固氮作用，能够改善鲜食玉米连作造成的土壤肥力降低和化肥利用率低等状况。试验表明，鲜食甜玉米在间套作条件下产量均比单独种植有所提高，原因可能是间套作玉米边行植株占面积的比例较大，在边际效应的影响下，整体单穗去苞重较高。鲜食大豆在间套作条件下，减产明显，但有单独清种产量的1/2，额外增加了单位土地的产出。

鲜食玉米与鲜食大豆的生育期均较短且生育期也相似，在浙江省开化县 1 年可以种植 2 季，进一步提高了土地利用率和种植经济效益。通过 2 年的种植调查和统计，玉米—大豆间作栽培，采用 1∶2 模式种植，1 年 2 季种植每公顷玉米和大豆总产量分别为 9 225 千克、14 210 千克，纯收入达到 25 131 元，比单纯种植2 季鲜玉米增收 9 500 元，比单纯种植 2 季鲜食大豆增收 7 650 元。

三、鲜食玉米与薯类间作套种

（一）种植模式

1. 玉米—甘薯间作　玉米—甘薯间作以山东省和河北省面积较大。一般以甘薯为主时，按甘薯既定行株距每隔 2～4 行种 1 行玉米，如果想多收玉米可按 4∶2 或 6∶2 的行比种植。带宽 2.6 厘米，甘薯宽行 83 厘米、窄行 50 厘米、间距 41.7 厘米；玉米株距可适当放宽至 76.7 厘米，以减轻对甘薯的遮阴。玉米—甘薯间作，玉米选早中熟丰产品种，甘薯选短蔓、耐阴品种，以免玉米对甘薯影响时间过长、影响程度过重。

2. 玉米—马铃薯间作　马铃薯较耐阴，玉米与马铃薯间作的行比可为 1～2∶2，马铃薯行距与单作相同，玉米行距 40 厘米，株距依品种和肥力条件而定，两种作物的间距适宜田间操作即可。玉米马铃薯间作可采用 1.33 米带宽，行比 2∶2，马铃薯行距 40 厘米，玉米行距 40 厘米，间距 27 厘米；或马铃薯行距 60 厘米，每隔 2 行间作 1 行玉米。玉米选用中晚熟高产品种，马铃薯选用植株紧凑、结薯集中的早熟丰产品种。两者均为高产作物，需水、需肥均较多，玉米要注意增施基肥和追肥，马铃薯要注意增施磷、钾肥。

3. 玉米—木薯间作　玉米与木薯间作模式采用宽窄行或等行间作均可，但结果不同。宽窄行间作模式有利于木薯增产，等行间作模式更有利于玉米鲜果穗增产。等行间作模式，木薯行距间种植两行玉米；宽窄行间作模式，大行距种植两行玉米，小行距不种植。综合产量考虑，推荐玉米行距 40 厘米，株距 33 厘米，畦宽 1.33 米，隔行种植木薯，木薯株距 1 米，种植密度以每亩 1 000 株左右为宜。

（二）栽培技术要点

1. 玉米—甘薯间作　该间作套种模式，有效地处理好玉米播期和种植密度，促进甘薯地下块根膨大和玉米穗的饱满是间作成功的关键。由于甘薯和玉米有较明显的层次性，使得地面较早地被遮阴，从而在一定程度上减少了地表水分的蒸发，改善了田间小气候，还有效抑制了杂草生长。

广西壮族自治区河池市农业科学研究所研究表明，玉米—甘薯间套作，种植时每亩施腐熟农家肥 500～1 000 千克，种植后 20 天结合中耕除草每亩施纯磷 5 千克、钾 10 千克，杂草多的地块还应在种植后 40～45 天进行第二次人工除草。甘薯田间管理主要是除草和病虫害防治，危害甘薯的主要病害有黑斑病、软腐病、病毒病，主要虫害有斜纹夜蛾和甘薯小象甲等，注意及时防治。如遇甘薯生长过旺，可在薯块膨大初期，每亩用 15% 多效唑 60 克兑水 50 升喷施，控制茎叶生长。

2. 玉米—马铃薯间作

（1）马铃薯　播种后 20 天左右及时破膜放苗，以防烤苗。

一般苗出齐后浇头水，现蕾期浇二水并结合浇水追肥，每亩可施尿素和磷酸二铵各 10 克。在块茎进入膨大期后要结合土壤墒情进行浇水，保持土壤湿润，以利于马铃薯块茎膨大，收获期前 7 天左右停止浇水。马铃薯与玉米共生期加强中耕除草和病虫害防治。

（2）**玉米** 加强苗期管理，3 叶期间苗，5～6 叶期定苗。在施足基肥的同时，注意追施氮肥和复合肥，在玉米大喇叭口期结合浇水每亩追施尿素 30 千克、三元复合肥 25 千克，抽雄期每亩喷施磷酸二氢钾 0.2 千克，在灌浆期根据天气情况浇水 1 次。马铃薯收获后要把土壤翻到玉米的根部，以增加玉米的抗倒伏能力。连阴雨天及时排水防涝，并注意及时防治病虫害。

3. 玉米—木薯间作

（1）**种植时间** 采用先栽木薯后种玉米的方法，一般 3 月 20 日左右种植木薯，4 月 13 日左右种植玉米。种植前深耕整地，有利于木薯块根的膨大与淀粉积累，也有利于玉米根系发达。

（2）**合理施肥** 木薯栽植时每亩施三元复合肥 50 千克作基肥；木薯苗高 20 厘米时施追肥壮苗，每亩施尿素和氯化钾各 10 千克；玉米收获后施结薯肥，每亩施尿素 10 千克、氯化钾 15 千克。栽种玉米时每亩施过磷酸钙 40 千克、氯化钾 15 千克作基肥，攻苗肥于玉米苗 3 叶期每亩施尿素 5 千克，之后每亩施攻秆肥 5 千克，攻苞肥于抽雄前 10～15 天每亩施尿素 15 千克。

（3）**补苗间苗** 木薯种植 20 天内，如果发现缺苗应及时补苗。齐苗后，苗高 15～20 厘米时，每穴留 1～2 株苗，间去多余弱苗，同时进行除草、治虫、灌溉和排水等田间管理。

（三）产量与效益

1. 玉米—甘薯间作 研究表明，玉米与甘薯行比 2∶3 种植模式效益最好，产值达 1 905.8 元/亩。

2. 玉米—马铃薯间作 研究表明，单位面积模式内玉米和马铃薯产量均以行比 1 : 7 为最高，薯产量为 28 999.2 千克 / 公顷，产值也最高，达到 53 215 元 / 公顷。

3. 玉米—木薯间作　不同栽培规格的木薯间作玉米，其经济效益也不同。行距 100 厘米的等行间作模式，木薯鲜薯产量为 48.4 吨 / 公顷，糯玉米产量为 12 吨 / 公顷，综合经济效益是 52 794.15 元 / 公顷，属于木薯间作糯玉米的高产高效模式，但等行间作模式存在不易进行田间管理和容易滋生病虫害等缺点。宽窄行间作模式，木薯大行距间作糯玉米，小行距作为前期田间管理的工作行，更有利于木薯、糯玉米正常采光，而且方便田间管理。其中大行距 100 厘米、小行距 70 厘米的宽窄行间作模式，鲜薯产量为 51.3 吨 / 公顷，糯玉米产量为 9.1 吨 / 公顷，综合经济效益为 46 556.97 元 / 公顷，是宽窄行间作模式中综合经济效益最高的。因此，木薯间作糯玉米采用大行距 100 厘米、小行距 70 厘米的宽窄行间作模式是产量及经济效益最佳的推广方案。

四、鲜食玉米与果蔬间作套种

（一）种植模式与栽培技术要点

1. 玉米与食用菌　玉米与食用菌间作可充分发挥二者在时间和空间上的互补关系，减少相互竞争的矛盾，实现粮、菌双丰收，增加经济效益。

（1）玉米—平菇间作

①种植规格　秋种时，小麦畦宽 170 厘米左右，其中畦面 120 厘米、畦埂 50 厘米，畦内播 8 行小麦。于麦收前 15 天左右套种玉米，畦埂套种 2 行、畦内套种 1 行。玉米小喇叭口期，在行间做宽 40 厘米、深 15 厘米的畦沟，以备栽培平菇（图 5-5）。

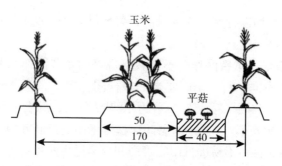

图5-5　玉米—平菇间作示意图（单位：厘米）

（米景舟，1988）

②栽培技术要点　该模式适用于地势平坦、土壤肥力较好、水源充足、灌排方便的地块。小麦选高产、优质品种，玉米选紧凑型中晚熟高产品种，平菇选佛罗里达、汉353、831等中高温型品种。用棉籽壳作栽培料时应先晒2～3天，然后用清水拌匀，使栽培料含水量达60%左右，同时添加0.1%多菌灵药剂。以玉米芯作栽培料时，应粉碎成直径小于1厘米的颗粒料药剂，再用1%石灰水浸泡12小时，捞出后加1%石膏粉和0.1%多菌灵。

③栽培种的制作与管理　6月上旬，将栽培料装入长45厘米、直径22厘米的聚乙烯塑料袋中，装料的同时将占栽培料重10%的生产菌种分别装入袋的两端和中间。将塑料袋两端用长约10厘米经灭菌的麦秸草封口，或用塑料绳扎口，堆积发酵，温度控制在25℃以下。1个月后，将菌块脱袋，并从中间断开，两端朝上排放在栽培沟内，覆土1～2厘米厚，浇1次水。1周左右菇蕾出现时，将菌块上的覆土去掉1/2，每天喷水2～3次，促进出菇。菇蕾出现2～3天即可采收。

（2）玉米—草菇间作

①种植规格　玉米—草菇间作模式，其规格与平菇相同。

②栽培技术要点　地块及小麦、玉米品种的选择与玉米间作平菇相同。

栽培料用新鲜、干燥、无霉变的麦秸、玉米芯或棉籽壳，配料前进行粉碎，然后加入料重2%的石灰粉进行发酵处理。配料时，先取处理过的麦秸粉、玉米芯、棉籽壳各1/3，加粉碎的豆饼、玉米面和磷肥各2%，混匀，待用。

③栽培种的制作及管理　菇床宽40～50厘米、深20厘米，于播菇前4～5天浇足水。当水分渗下，床土湿而不黏时，撒一层石灰粉，其上均匀地铺上培养料，料面呈弧形。播种占料重10%的菌种，播深2厘米左右，播后拍实，覆盖塑料薄膜和草帘。一般接种2～3天菌丝即布满料面，6～8天出现菇蕾，12～14天即可采收第一茬菇。当料温降至32～40℃时再盖膜，待料四周出现原始菇基时，再次揭膜，使料温保持在28～32℃。菌丝生长期空气相对湿度保持在80%左右，出菇期保持在90%左右。菇体即将形成时，在料面覆盖浸过石灰水的草帘，每天喷水1～2次，湿润料面。

2. 越冬菜、春玉米、夏玉米、秋菜间套作

（1）种植规格　寒露前后整地施肥，做100厘米宽的高畦，播种5行大蒜，行距16～18厘米，覆盖地膜。低畦宽20厘米，翌年4月上中旬，每隔2畦大蒜在低畦内套种1行玉米，株距10厘米，或双株留苗。6月中旬大蒜收获后，在春玉米行间播种1行夏玉米。春玉米收获后，应及时整地施肥，起2个60厘米宽的垄，每垄栽植1行大白菜（图5-6）。

此模式中的越冬菜也可改为春甘蓝、春番茄、春辣椒、春花椰菜、春茄子等。秋菜还可种植花椰菜、甘蓝、黄瓜、芹菜、芫荽、胡萝卜等。春（秋）季蔬菜要根据其丰产要求的行株距确定种植带宽度。

（2）栽培技术要点　各作物栽培管理措施按其丰产栽培要求进行。需要育苗移栽的蔬菜，应特别注意其苗龄与质量，做到壮苗适期移植。越冬蔬菜或早春蔬菜可加盖拱棚，以促早收、早上市。蔬菜收获后，单行条播夏玉米。为减少春玉米遮光影响，

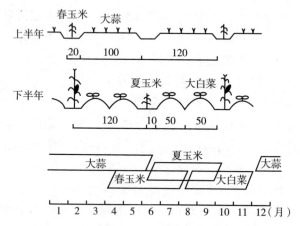

图5-6　大蒜、春玉米、夏玉米、大白菜间套作示意图 （单位：厘米）

(李凤超等)

春玉米抽雄时应采取隔株去雄、人工辅助授粉，散粉结束后全部去雄。

3. 春玉米、马铃薯、夏玉米、花椰菜间套作

（1）**种植规格**　马铃薯行距 50～60 厘米，株距 27～33 厘米，每公顷栽植 40 000～45 000 株。每 3～4 垄马铃薯留 70 厘米宽的垄沟，种植 1 行春玉米，株距约 10 厘米，每公顷 32 000 株左右。为促进早熟高产，马铃薯和春玉米均应覆盖地膜。夏玉米播种在春玉米行间，密度同春玉米。春玉米收获后应及时整地施肥，于夏玉米行间栽植 4 行花椰菜（图 5-7）。

（2）**栽培技术要点**　早春深耕整地，每公顷施圈肥 50～75 吨、过磷酸钙 375 千克、草木灰 3 000～4 000 千克。春马铃薯和春玉米播种时，每公顷施三元复合肥 375 千克作种肥。春玉米单行密植，选用中早熟紧凑型品种。春玉米收获后应及时整地施肥，适期栽植花椰菜。及时收获夏玉米，以减轻对花椰菜的影响。花椰菜也可换为大白菜、荒蒌、芹菜、菜豆等。

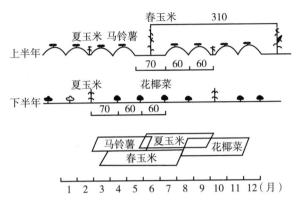

图 5-7　马铃薯、春玉米、夏玉米、花椰菜间套作示意图（单位：厘米）

（李凤超等）

（二）产量与效益

在小麦、玉米一年两熟基本种植方式上，让瓜菜等作物参与到各季粮食作物中进行间套作，不仅保证了粮食产量持续稳定增长，而且解决了粮菜争地的矛盾，丰富了蔬菜市场供应，增加了经济收入。

玉米间套作较单作生产成本提高，但经济效益增加。山东省农业技术推广总站从 1986 年开始，开展作物间作套种研究和推广，已从众多间作套种模式中筛选出经济效益显著的立体种植模式 30 多种。推广结果表明，在小麦套种玉米的基础上加入瓜菜等作物间作套种，经济效益提高，每公顷增加收入 6 687～22 920 元。山东省农业科学院作物研究所在嘉祥县试验推广小麦、西瓜、玉米、白菜间作套种和小麦、番茄、玉米间作套种等栽培模式共计 192.3 公顷，平均每公顷粮食年产量 9 135 千克，产值 21 662.8 元，净产值达 18 606.7 元。

第六章
鲜食玉米优质高效栽培

一、鲜食玉米安全生产技术

（一）无公害栽培

1. 播种技术规范

（1）播前准备

①选地　选择土层深厚、排灌方便、保水保肥、通透性好、耕层养分含量高的壤质地块，同时要求生态环境良好、污染物限量控制在允许范围内、生态环境指标满足《农产品质量　无公害蔬菜产地环境要求》（GB/T 18407.1—2001）的要求。

②整地　播前整地，深耕细耙，达到土壤细碎平整、土层疏松、上虚下实，并要求地头、地边、地角整齐无漏耕，捡净残茬和杂草。

③选择品种　选择适合本地种植的品质优良、抗逆性强的品种。早熟品种可选彩糯一号、万黏 3 号等；中晚熟品种可选中糯 1 号、京科糯 2000、中糯 2 号、花香糯 2 号、万黏 6 号等。

④施足基肥　将各种肥料充分拌匀，在播种前整地时撒施地面，深翻入土。每公顷施腐熟有机肥 30 000～37 500 千克，加三元复合肥 900 千克、硫酸锌 15 千克或磷二铵 300～375 千克、硫酸钾 225～300 千克。

（2）播　种

①精细选种　剔除病粒、秕粒、破碎粒。种子质量标准应符合《粮食作物种子　第1部分：禾谷类》（GB 4404.1—2008）玉米杂交种要求。播前选晴朗无风天晒种2～3天，摊晒厚度3～5厘米。

②隔离种植　采用空间隔离时，可与其他生育期相同的玉米品种同期播种，空间隔离距离为300米以上；采用时间隔离时，可与其他生育期相同的玉米品种相邻种植，春播间隔时间为30天以上，夏播间隔时间为25天以上。

③播期　河北北部地区春播于4月中下旬开始播种；河北中南部地区春播于3月中下旬开始，夏播时间为6月中下旬。最迟播种期应保证采收期气温在18℃以上。为提早上市，春播采用地膜覆盖栽培，可提前7～10天播种；为延长上市时间，可采用分期播种，每隔10～15天播种1期。

④播种密度　每公顷一般播种子45～60千克，保苗52 500～60 000株，早熟、矮秆、叶片上冲的品种密度宜大些，反之宜小些。

⑤播种方式　采取宽窄行种植，宽行行距80厘米，窄行行距40厘米，株距均为30厘米左右。播深一般4～6厘米，墒情差的地块播深8～10厘米，播后镇压。

（3）覆膜　选用幅度60～75厘米、厚0.005毫米或0.006毫米的超微膜。先在做好的畦面上播种，每穴播2～3粒种子，播种后用木板将畦面压平，然后每公顷用40%乙草·莠去津（玉米高效除草剂）3 000毫升均匀喷洒在畦面上进行封闭灭草，再将地膜平铺畦面，膜边埋入土壤中并压实。

①及时放苗　播种后10～15天，幼苗出土至2叶1心期，用刀片等利器将膜划1厘米大小的口子，放苗出膜，然后用细土将破口封严。

②揭膜培土　大喇叭口期至抽雄穗前，把地膜全部揭掉，带出田外。揭膜后在玉米茎基部培土，培土高10厘米左右。

2. 田间管理

（1）**中耕锄草**　苗期和拔节期进行中耕锄草。

（2）**追肥**　大喇叭口期和抽雄期结合浇水每公顷分别追施尿素 150 千克。灌浆期喷施 1 次植物氨基酸等高效液肥，每公顷用肥 750 克兑水 450 升喷施。

（3）**查苗移栽**　发现缺苗，及时用预留苗或同龄苗补栽，移栽后浇足定根水。

（4）**间苗定苗**　幼苗 4～5 叶期间苗定苗。

（5）**去掉分蘖**　6～8 叶期发现有分蘖应及时去掉。

（6）**浇水**　大喇叭口期和抽雄期结合追肥各浇 1 次水。

3. 病虫害防治

（1）**禁用农药**　鲜食糯玉米禁止施用甲胺磷、对硫磷、甲基对硫磷、久效磷、磷胺等高毒高残留农药，以及有机磷或沙蚕毒素类农药与苏云金杆菌混配的复配生物农药。

（2）**地下害虫防治**　玉米地下害虫主要有蝼蛄、地老虎、金针虫、蛴螬等。可用 50% 辛硫磷乳油 100 毫升加水 2～3 升，与 40 千克种子拌匀后堆闷 2～3 小时。也可在苗期用 48% 毒死蜱乳油与土按 1∶50 比例配成毒土，每公顷用毒土 60～75 千克，于傍晚撒到垄间进行防治。

（3）**玉米螟防治**　心叶末期在花叶率达 10% 以上时施药普治，5%～10% 时施药挑治，5% 以下时可以不施药，花叶率超过 20% 或 100 株累计有卵 30 块以上需连续防治 2 次。穗期虫穗率达 10% 或百穗花丝有虫 50 头时应立即防治。在集中连片产区，设置高压汞灯或频振式杀虫灯诱杀，灯具可按"品"字形排列，灯距 300 米左右，灯高 1.8～2 米，灯下设水盆，其水面距灯 10 厘米左右，水中放 1%～3% 洗衣粉溶液。自 5 月上旬开始至 9 月中旬结束每晚开灯诱杀成虫。每隔 3～5 天打捞 1 次水面死虫，并补充洗衣粉溶液至适当高度。也可在玉米螟产卵始期至产卵末期，释放赤眼蜂 2～3 次，每公顷释放 15 万～30 万头；或每公项用每克含 100 亿以上孢子的苏云金杆菌乳剂 3 000 毫升，按药、水、干细沙比例 0.4∶1∶10 配成颗粒剂撒施，或与其他药剂混合喷雾。

（4）**粘虫防治**　当百株玉米虫达 30 头时，可用 25% 灭幼脲胶悬剂 1 500 倍液，或苏云金杆菌乳剂 100～200 倍液兑水喷雾防治。防治适期掌握在粘虫三龄前。

（5）**蚜虫防治**　发现中心蚜株时，可喷施 50% 抗蚜威可湿性粉剂 1 500 倍液防治；当蚜株率达 30%～40%、出现"起油株"时，用 1.8% 阿维菌素乳油或 10% 吡虫啉可湿性粉剂 1 500 倍液喷雾进行全田普治。

（6）**丝黑穗病（俗称乌米、米丹）防治**　播种前每 100 千克种子用 12.5% 烯唑醇可湿性粉剂 480～640 克或 2% 戊唑醇拌种剂 300 克拌种，病害严重的地块适当增加用药量。

4. 采收与运输

（1）**适期采收**　籽粒发育达到乳熟期、含水量 68%～70%、花丝变黑时为最佳采收期，连苞叶一起采收。

（2）**运输**　鲜穗收获后应及时送往加工场地进行处理，要求运输工具清洁、卫生、无污染、无杂物，运输中注意防暴晒、雨淋，不得使产品质量受损。

（二）绿色栽培

1. 播种期与整地规范

（1）**播种期**　鲜食玉米主要分为春播和夏秋播。春播一般在 10 厘米地温稳定在 10～12℃ 时播种，地膜覆盖栽培可在 3 月中下旬播种，露地直播可在 4 月中旬播种。夏秋播可根据市场需求安排，最迟播期不得晚于 7 月中旬。

（2）**整地施基肥**　春播玉米在前茬作物收获后应立即灭茬，冬前深耕 25～35 厘米，结合耕翻施基肥。用肥量按每亩籽粒产量 500 千克需氮 17.5～20 千克、五氧化二磷 6～7 千克、氧化钾 25～30 千克计算，每亩基施有机肥 1 500～2 000 千克，同时基施全部磷肥、全部钾肥和 60% 的氮肥。播种前耕翻宜浅不宜深，耕后立即耙耢。

夏播玉米最好在前茬作物播种前实施深耕整地，播种前沟施或穴施基肥。用肥量按每亩籽粒产量 500 千克需氮 12.5～13.5 千克、五氧化二磷 5.5～7 千克、氧化钾 18.5～21 千克计算，每亩基施有机肥 1 000～1 500 千克，同时基施全部磷肥、全部钾肥和 80% 的氮肥，深耙整平。

肥料应符合《绿色食品　肥料使用准则》（NY/T 394—2013）中对肥料的要求。

2. 播种技术

（1）品种选择　选择适合当地生态条件且经审定推广的品质优良、抗逆性强的高产品种。种子质量要达到种子分级二级标准以上。

（2）种子处理　可采取包衣和拌种，用于包衣和拌种的农药应符合《绿色食品　农药使用准则》（NY/T 393—2013）中对种子的要求。

（3）播种时间

①合理安排播种时间　先计划好上市时间，再根据不同品种、不同季节鲜食玉米的生育期长短合理安排播种时间，一般春播玉米从播种到采收需 95～105 天，夏播玉米从播种到采收需 75～85 天。

②错期播种　为避免鲜食玉米集中上市，可错期播种。一般春播玉米相邻播期可间隔 5～7 天，夏播玉米相邻播期可间隔 3～4 天，生产中应根据销售或加工能力进行适当调整，每次播种面积以全部适期采收后能够满足 80% 销售和加工为宜。

（4）播种密度及播量　一般株距 25～30 厘米，行距 60～70 厘米，每亩种植 3 300～3 800 株，每亩用种量 1.5～2 千克。为防止串粉，鲜食玉米必须进行隔离种植，以确保优良品质。种植田块四周 400 米范围内不能种植与鲜食玉米同期开花的其他类型玉米。也可利用山冈、树林、村庄或高秆作物等自然屏障隔离，距离应在 400 米以上。不同品种鲜食玉米或其他玉米种在一起时，要求花期相差 20 天以上。

（5）**播种方法**　采用开沟或挖穴点播，每穴播 2 粒种子，一般播种深度 4～5 厘米。甜玉米顶土能力弱，应适当浅播，播种深度以 3～4 厘米为宜。播种时每亩可施磷酸二铵 5～8 千克，种肥要浅施且不可接触种子。

（6）**喷施除草剂**　播种后当天喷施除草剂，每亩可用 96%异丙甲草胺乳油 50 克兑水 400 毫升，均匀喷洒畦面和沟面，防止苗期发生草害。使用农药应符合《绿色食品　农药使用准则》（NY/T 393—2013）中对农药的要求。

3. 田间管理

（1）**保湿促发芽**　播种后至出苗前土壤相对含水量保持60%～75%。套种田可浇小麦造墒，直播田可播种后浇水。

（2）**适时补苗定苗**　幼苗 3～4 片叶时踏田查苗，及时进行移苗补缺。4～5 片叶时及时定苗，去弱留壮，以提高幼苗整齐度。

（3）**及早除蘖打杈**　鲜食玉米具有分蘖特性，为保证果穗产量和等级，应及早除蘖打杈。出现分蘖后，一般要求每隔 2～3 天除 1 次蘖，连续 2～3 次即可除净。

（4）**养分管理**　拔节期一次性追施氮肥，每亩用量与基肥合计达到 20 千克纯氮即可。开沟施于行间，施肥后及时浇水。

（5）**水分管理**　土壤忌过干或过湿，一般拔节前（幼苗 8～9 片叶及以前）土壤相对含水量保持 60% 左右，拔节后保持70%～80%。生产中应根据天气状况和土壤墒情变化，及时采取灌水与排水措施，确保鲜食玉米孕穗期稳健生长。

（6）**人工辅助授粉**　夏播玉米遇到连续阴雨天时应进行人工辅助授粉，方法是在抽丝散粉期的上午 9～11 时，可用木棍敲打雄穗，也可采粉后逐穗授粉，防止秃顶，提高结实率和商品性。

4. 病虫草害防治 鲜食玉米病害主要有大斑病、小斑病、锈病、穗腐病等，虫害主要有地下害虫、蚜虫、玉米螟、斜纹夜蛾、甜菜夜蛾等。

（1）防治原则 遵循"预防为主，综合防治"的植保方针，牢固树立绿色植保的病虫害防控理念，采取有效的生产管理措施，坚持"农业防治、物理防治、生物防治为主，化学防治为辅"的防治原则，严格按照《绿色食品 农药使用准则》（NY/T 393—2013）中对农药的要求，控制鲜食玉米病虫害的发生和危害。

（2）防治方法

①农业防治 针对当地主要病虫害，选择生长稳健、高产优质的抗病、抗虫品种种植；鲜食玉米不宜连作，可与蔬菜等作物合理轮作，以减少病虫草害，改善土壤肥力；实施南北行规范化种植，改善玉米地田间通风透光条件，降低田间湿度，创造有利于鲜食玉米健壮生长而不利于病虫害滋生的田间小气候；增施有机肥和磷、钾肥，适期追肥和中耕培土，促进鲜食玉米根系深扎、茎秆粗壮，增强抗病和抗逆能力；减少初侵染源，适时摘除玉米病残叶，并将病残叶和杂草及时清理出玉米田，减少和切断病虫寄生场所，以有效降低病虫繁殖基数。

②物理防治 利用有害昆虫趋光、趋色的特点，自玉米小喇叭口期开始在田间挂黄板诱杀蚜虫，安装黑光灯、频振式杀虫灯和性诱剂诱杀害虫，减少使用化学农药，提高鲜食玉米产品质量；人工捕捉和泥巴糊穗顶：在鲜食果穗灌浆后期，采用人工捕捉害虫后套袋和用泥巴糊穗顶等措施，以防金龟子危害。

③生物防治 积极保护和利用天敌防治病虫害。采用春雷霉素、硫酸链霉素、苏云金杆菌、苦参碱、印楝素等生物源农药防治病虫害。

④药剂防治 病害防治一般在发病初期用药，锈病可用6%春雷霉素可湿性粉剂300倍液均匀喷雾防治，大斑病、小斑病、

灰斑病可用 25% 嘧菌酯悬浮剂 1 000～1 500 倍液均匀喷雾防治。地下害虫可在播种前用 10% 虫螨腈悬浮剂拌种防治。玉米螟防治可在玉米小喇叭口期和大喇叭口期，在喇叭口内放 1% 辛硫磷颗粒剂 7～8 粒。

⑤草害防治　玉米田杂草应以人工防除为主。通常在幼苗 3～4 叶期施苗肥时浅中耕除草，拔节期施穗肥时深中耕除草。

⑥生长后期禁用农药　鲜穗采收前 10 天左右切忌施用任何农药。

鲜食玉米绿色生产所用农药应符合《绿色食品　农药使用准则》（NY/T 393—2013）中对农药的要求。

5. 采收与贮运

（1）适期采收的质量标准　鲜食玉米要求鲜棒无虫蛀、无病变籽粒，穗型整齐、无严重缺粒。最佳采收期为授粉后 22～26 天，此时籽粒体积达到最大，胚乳糊状，粒顶即将发硬。判断标准是苞叶略微发白或发黄，手摸果穗膨大，花丝发黑、发干，撕开苞叶可看到籽粒饱满、行间无缝隙，手指略用劲掐有少量浆液溢出（呈喷射状时尚嫩）。

（2）采收时间及贮运方式　鲜食玉米要求早晨收获，采收后 2 小时内必须运抵加工厂，从采收到加工完毕必须在 4 小时之内。对于不能及时加工的鲜食玉米，采收后要迅速降温消除田间热，然后冷藏于温度 0～4℃、空气相对湿度 90%～95% 的恒温库内，贮藏时间不能超过 48 小时。

二、鲜食玉米微量元素富集种植技术

（一）玉米对微量元素吸收与分配规律

1. 锌（Zn）　在玉米生长必需的微量元素中，锌影响最大。玉米不同生长期的缺锌表现不同，幼苗期缺锌，叶脉呈淡黄色或白色，但叶中脉和叶缘仍是绿色，这种缺锌表现在叶片基部 2/3 处尤为明显；生长期缺锌，在主脉和叶缘间形成较宽的黄色或白色条状失绿区；后期缺锌，成熟叶片的叶鞘变成紫色，严重时叶片上出现棕褐色坏死斑。缺锌会导致玉米生长速度减缓，植株各节变短，茎秆纤细，抽雄、吐丝期延迟，并造成玉米棒秃顶、严重缺粒，对产量影响较大。

有学者研究发现，锌在玉米植株各器官内的含量不同，不同生长期锌含量的变化趋势也不同，其中植株顶端叶片锌含量高于下部叶片。锌与有机酸、蛋白质或多肽结合成复合态，以复合态形式存在于玉米植株体内，在玉米粒胚中锌含量达到 47%，高于籽粒中其他部位。在玉米生长过程中，叶片、叶鞘和茎秆以及全株中锌含量呈现前期增长、中期下降、后期增长的"N"形曲线模式，且雌穗含锌量高于其他器官。

2. 锰（Mn） 锰是作物生长发育必需的元素，在光合作用过程中起着非常重要的作用。玉米缺锰时，植株上部幼嫩叶片的叶脉间组织逐渐变黄、失绿，而叶脉及附近部分的叶肉组织仍呈绿色，整个叶片呈现黄、绿相间的带状条纹，而且叶片不平整，出现弯曲、下垂现象。严重时，叶片上会出现白色条纹，其中央部分变成棕色，以后逐渐枯死。

玉米全生育期中，植株的锰含量呈前期高、后期低的趋势，其中叶片中的锰含量变化呈"N"形，2 个高峰点出现在小喇叭口期和成熟期，且叶片含锰量高于其他器官。玉米对锰的吸收量随植株生长发育逐渐增多，高中产条件下乳熟期达最大，成熟期略有降低；低产条件下成熟期达最大。

3. 铜（Cu） 玉米缺铜植株生长缓慢、矮小，顶端枯死后形成丛生，叶色灰黄或红黄并有白色斑点，果穗发育差。铜在玉米全生育期植株铜含量前期高、后期低，且叶片含铜量高于其他器官。铜的累计吸收量随生育期进展逐渐增加，成熟期达最大。

4. 钼（Mo） 玉米缺钼症状首先在老叶出现，初期老叶褪绿，叶肉有黄色斑，叶尖枯焦开裂，根系生长受抑制，造成地上部大面积坏死，严重时植株死亡。玉米全生育期植株、叶鞘和茎秆中钼含量均表现为前期高、后期低，其中叶片钼含量至成熟时似有增高趋势，叶片含钼量高于其他器官。玉米对钼的累计吸收量随植株生长发育不断增加，直至成熟期。

（二）微量元素施肥技术

1. 微肥种类及施用方法 玉米对微量元素的需要量随着产量的增加而增加。一般认为，玉米土壤缺乏微量元素的临界值为每千克土壤含有效锌 0.6 毫克、易还原锰 100 毫克、水溶性硼 0.5 毫克。微量元素含量低于临界值的土壤，施用相应的微肥均会获得良好的增产效果。从生产情况来看，随着复种指数的提高和产量的增加，作物从土壤中带走的微量元素越来越多，造成土壤微量元素含量逐渐下降。我国多数地区土壤缺锌和硼，部分地区缺锰。

微肥施用方法，主要是基施、根外喷施和浸种或拌种。锌肥主要有硫酸锌、氧化锌和碳酸锌，硫酸锌施用最普遍。由于锌在土壤中移动较慢，且有一定残效，以基肥施用效果最好，每亩可施硫酸锌 1～1.5 千克，可与其他有机肥混合或单独撒施于地面耕翻入土，或开沟条施。浸种是在播种前用 0.1% 硫酸锌溶液浸种 12 小时，拌种时种子与硫酸锌的重量比为 150～250∶1。喷洒主要是在苗期和拔节期，可叶面喷洒 0.2% 硫酸锌溶液，每亩每次喷肥液 50 千克左右。硼肥常用的有易溶性硼酸和硼砂，以作基肥施用最好，叶面喷施次之，再次是拌种。作基肥施用时，每亩用硼肥 0.5 千克与有机肥混合或与细土混合，撒施于地面，耕翻入土，或开沟条施；叶面喷施一般每亩用易溶性硼肥 100 克兑水 50 升，配成 0.2% 硼肥溶液，于拔节期喷洒；浸种时用 0.01%～0.1% 硼肥溶液浸种 8～12 小时。锰肥常用的是硫酸锰，每亩用硫酸锰 1～2 千克作基肥撒施于地面，耕翻入土，或开沟条施。微肥切忌穴施，以免局部浓度过高，产生肥害。

2. 喷施叶面肥　叶面肥是经水溶解或稀释,用于叶面喷施的液体或固体肥料。玉米微量元素叶面肥是以锌、铁、锰、铜、硼、钼和硒按所需比例配制而成的一种或几种液体水溶肥料,其组分锌、铁、锰、铜、硼、钼和硒可分别选择硫酸锌、硫酸亚铁或螯合铁、硫酸锰、硫酸铜、硼砂、钼酸铵和亚硒酸钠。肥料选择应符合《肥料合理使用准则通则》(NY/T 496—2010)的要求。

(1) 玉米微量元素叶面肥施用浓度　硫酸锌浓度 0.2%～0.3%,硫酸亚铁或螯合铁浓度 0.1%～0.2%,硫酸锰浓度 0.1%～0.2%,硫酸铜浓度 0.1%～0.2%,硼砂浓度 0.1%～0.2%,钼酸铵浓度 0.05%～0.1%,亚硒酸钠浓度 0.04%～0.07%。

(2) 玉米微量元素叶面肥配制要求　将 100～150 克硫酸锌、50～100 克硫酸亚铁或螯合铁、50～100 克硫酸锰、50～100 克硫酸铜、50～100 克硼砂、25～50 克钼酸铵、20～35 克亚硒酸钠溶于 50 升水中,加入表面活性剂(如吐温 20)5 克,用稀盐酸或氢氧化钠将 pH 值调至 5～6。叶面肥宜随配随用,每亩每次喷施叶面肥溶液 50～60 千克。溶剂为普通饮用水。微量元素叶面肥成品须符合《微量元素水溶肥料》(NY 1428—2010)的规定。

(3) 玉米微量元素叶面肥喷施时期和次数　玉米叶面肥于苗期(第三至五片叶展开)、拔节期(第六片叶完全展开)、大喇叭口期(第 12 片叶完全展开)、抽雄期(雄穗尖露出顶叶 3～5厘米)、吐丝期(雄穗开始散粉)和乳熟期(籽粒变黄,胚乳呈乳状至糊状)均可喷施,但以苗期和拔节期喷施效果为好。一般需喷施 2～3 次,每次间隔 5～7 天。为省时省力,也可与农药一起喷施。玉米田间管理应符合《冬小麦—夏玉米节水省肥高产高效》(DB37/T 2270—2013)规定。

(4) 微量元素叶面肥喷施时间和要求　玉米叶面肥喷施应选择无风的晴天上午 9 时前或下午 5 时后进行,如果喷肥后 3～4小时下雨需要补喷。喷施叶面肥以叶面为主、叶背为辅,以叶片正反两面均匀布满雾状液滴、肥液未流下为宜。

（5）**适期收获** 玉米成熟期标志是籽粒乳线基本消失、基部黑层出现。玉米收获后，建议秸秆还田，以利于提高土壤微量元素含量。秸秆粉碎长度 ≤ 10 厘米，切碎合格率 ≥ 90%，留茬高度 ≤ 8 厘米。秸秆还田作业应符合《旱地玉米机械化保护性耕作技术规范》（NY/T 1409—2007）的要求。

三、鲜食玉米双季栽培技术

鲜食玉米双季栽培，第一季为早春地膜覆盖栽培，第二季为秋延后露地栽培。

（一）播前准备

1. 整地施基肥 前茬作物收获后应立即灭茬，冬前深耕25～35 厘米。第一季为早春地膜覆盖栽培，用肥量按每亩需氮17.5～20 千克、五氧化二磷 6～7 千克、氧化钾 10～15 千克、有机肥 1 500～2 000 千克准备肥料。播前耕翻，宜浅不宜深，耕后应立即耙耢。结合耕翻施基肥，基施全部磷肥、钾肥、有机肥和 40% 的氮肥。第二季为秋延后露地栽培，用肥量按每亩需氮12.5～13.5 千克、五氧化二磷 5.5～7 千克、氧化钾 8～12 千克准备肥料。第一季玉米收获后贴茬直播，浅耕整地，结合耕地施基肥，基施全部磷肥、钾肥、有机肥和 80% 氮肥。

2. 调整隔离及错期种植 鲜食玉米不同于其他大田玉米，为避免发生串粉，生产中一般采取隔离种植。空间隔离应选择间隔 500 米以上距离，时间隔离应选择播种期相差 20 天以上。为了既能分批上市又不影响鲜食玉米的品质，一般采取错期播种方式进行分批种植。

3. 品种选择 第一季应选择耐低温、生育期短、抗性好、品质黏香的优良鲜食玉米新品种，鲜穗采收期以 90～100 天为宜。第二季鲜食玉米苗期处在高温多雨季节，选用的品种应具备抗芽涝、抗大小叶斑病、品质好等特点，鲜穗采收期以 75～85 天较为适合。

4. 种子处理　一般采用温汤浸种催芽或种衣剂包衣，南方部分地区采取拱棚穴盘育苗移栽方式。

（二）播种技术

1. 第一季播种技术　第一季早春地膜覆盖栽培的适宜播种时间为 3 月中下旬至 4 月中旬，一般 10 厘米地温稳定在 12℃ 时进行，大棚种植棚内气温稳定在 2℃ 以上时即可。6 月下旬至 7 月上旬采收结束。播前开沟，播种时每亩施 5～8 千克磷酸二铵作种肥，注意种肥要浅施且不可接触种子。一般每亩种植 4000～4500 株，可采用人工播种或机械播种方式。播种覆土后紧贴地面覆膜，并用细土压实压严，确保不被风刮起扯烂。地膜之间的空地均匀喷施除草剂。

2. 第二季播种技术　第二季秋延后露地栽培，适宜播种时间为 7 月 10 日至 25 日，10 月上中旬前采收结束。一般按株距 25～30 厘米，行距 60～70 厘米，每亩种植 3300～3800 株。可采用机械直播，播种时每亩施 5～8 千克磷酸二铵作种肥，种肥要浅施且不可接触种子。也可采用人工开沟或挖穴点播，每穴播 2 粒种子，播种深度 4～5 厘米，甜玉米应适当浅播。甜玉米和糯玉米对除草剂均较敏感，苗后施用除草剂要严格选择除草剂剂型并精确操作。

（三）田间管理

1. 适时间苗定苗　幼苗 3～4 片叶时踏田查苗，及时进行移苗补缺。4～5 片叶时及时定苗，去弱留壮，以提高幼苗整齐度。鲜食玉米分蘖性较强，为保证果穗的产量和等级，应及早除蘖打杈。出现分蘖后，应每隔 2～3 天除 1 次蘖，连续除 2～3 次即可除净。

2. 养分管理　在拔节期一次性追施氮肥，每亩施氮量与基肥合计达到 20 千克，开沟施于行间，施肥后应及时浇水。

3. 水分管理　土壤忌过干或过湿，一般拔节前（8～9 片叶以前）土壤相对含水量应保持 60% 左右，拔节后应保持 70%～80%。生产中可根据天气状况和土壤墒情变化及时灌、排水，确保鲜食玉米孕穗期稳健生长。

4. 人工辅助授粉　夏播玉米遇到连续阴雨天气或 35℃ 以上连续高温天气时应进行人工辅助授粉，可在抽丝散粉期的上午 10 时左右敲打雄穗，也可采粉后逐穗授粉，防止秃顶，以提高结实率和商品性。

5. 病虫害防治　鲜食玉米病害主要有大斑病、小斑病、锈病、穗腐病等，虫害主要有地下害虫、蚜虫、玉米螟、斜纹夜蛾、甜菜夜蛾等。生产中应遵循"预防为主，综合防治"的植保方针，牢固树立绿色植保的病虫害防控理念，采取有效生产管理措施，坚持"物理防治和生物防治为主，化学防治为辅"的防治原则，对病虫害进行防控。

（四）适时采收

1. 糯玉米及甜糯玉米采收　糯玉米鲜穗务必在最佳采收期内采摘，糯玉米最佳采收期为 5～10 天，一般授粉后 25～30 天为采收适期。第一季采收期一般在 7 月中旬左右，第二季采收一般于 10 月中旬前完成。

2. 甜玉米采收　甜玉米采收标准：果穗苞叶青绿、包裹较紧，花丝枯萎转至深褐色，籽粒体积膨大至最大值、色泽鲜艳，挤压籽粒有乳浆流出。通常在果穗吐丝后 22～25 天收获较好，此时籽粒中含糖量最高、皮最薄、适口性和品质最好。加工用果穗采收还应结合企业的加工能力，以采收后 24 小时内能够加工完为宜。

甜玉米在乳熟期（最佳采收期）收获并及时上市才有商品价值。春播甜玉米采收期处在高温季节，适宜采收期较短，一般在吐丝后 18～20 天采收。秋播甜玉米采收期处在秋冬凉爽季节，适宜采收期略长，一般在吐丝后 20～25 天采收。若以加工罐头为目的可早收 1～2 天，以出售鲜穗为主的可晚收 1～2 天。采收期 6 天左右。

采收宜在上午 9 时前或下午 4 时后进行，秋季冷凉季节采收时间可适当放宽，防止果穗在高温下暴晒、水分蒸发，影响甜玉米品质。采收后以当天销售为佳，有冷藏条件时可存放 3～5 天。果穗采摘后宜摊放在阴凉通风处，夏天应采用冷藏车或加冰运输方式，以保持鲜穗品质。

四、鲜食玉米地膜覆盖栽培技术

（一）覆膜前准备

1. 选地与整地　选择无污染源、土壤肥沃、耕作层深厚、保肥保水能力强的田块。灭茬、整地起垄可在当年秋季或翌年春季播种前进行，可采用机械旋耕灭茬。秋翻整地，要求翻地深度达 25 厘米以上，做到"上虚下实无根茬、地面平整无坷垃"。结合整地每亩施有机肥 1 500～2 000 千克，增加土壤有机质含量，提高土壤保水保肥能力，为覆膜和播种创造良好的土壤条件。

2. 种子选择与处理　选用通过国家或省农作物品种审定委员会审定的优质、高产、抗逆性强、商品性好、符合市场需求的品种。未包衣的种子选晴天摊开在阳光下翻晒 1～2 天，选择通过国家批准登记的高效低毒种衣剂进行包衣。

3. 播种　播种时期应根据气象条件、品种特性、市场供应时间、加工厂生产条件等因素综合考虑，春季应在 10 厘米地温稳定在 8℃时开始播种。按品种特性选择适宜的种植密度，地力较高、肥水条件充足的地块可适当增加种植密度，地力低的地块可适当降低种植密度。

4. 隔离种植 鲜食玉米与其他同期播种的玉米在无隔离物时，空间隔离直线距离应不低于500米，有山岗、树林、村庄等自然屏障时隔离距离可适当缩短。做不到空间隔离要求的，可采用时差隔离，同其他玉米品种错开种植，一般授粉期错开20天以上。

5. 育苗 采用双拱栽培模式育苗移栽，采用单层地膜覆盖栽培的可育苗移栽也可直播。育苗移栽的鲜食玉米穗要比直播的小，但可提前上市。育苗方法：首先要确定育苗时间，双层拱膜栽培的育苗时间为3月下旬，覆盖单层地膜栽培的育苗时间为4月上旬。先配制营养土，用1/3的农家肥和2/3的田土，过筛后混合均匀，再加入少量磷酸二铵和钾肥，采用8厘米×8厘米营养苗钵，装土至钵高的4/5。浇透底水，每个营养钵放2粒种子，覆1厘米厚的营养土。经过20～25天、幼苗3～4片叶时即可移栽。

（二）整地覆膜种植

1. 起垄方式 采用大垄双行栽培方式的，可采用"三犁川"法起常规垄，垄距60～65厘米；再隔垄沟深耕1犁，使犁尖至垄台深度达到35厘米。将有机肥30～40米³/公顷施入深耕沟内，以该施肥沟（肥带）为大垄中心，做成垄底宽120～130厘米、垄顶宽80～90厘米的大垄，起垄后及时镇压。

2. 地膜选择 选用拉力强、透明度高、价格适中、能降解的地膜。大垄双行种植的地膜幅宽为110～120厘米、厚度为0.008毫米。

3. 移栽 覆膜前将种肥用播种机施入土中，种肥用量为每亩磷酸二铵12.5千克、钾肥5千克、尿素5千克，或三元复合肥50千克。然后用较轻的镇压器镇压，生产中一般多用铁碾子压1遍，用除草剂对土壤均匀喷雾封闭处理后覆膜。选择气温较高的天气进行移栽，每亩保苗3 300株左右。坐水栽苗，栽后用干土封掩，再插条扣双拱膜。扣膜后对垄沟再喷 1 次除草剂，防除垄沟杂草。

（三）田间管理

1. 定植后管理 幼苗 2.5 片叶、膜内温度达到或超过 35℃ 时及时通风，通风宜在晴天中午前后进行，方法是用竹竿将幼苗上方的地膜捅出直径 3～5 厘米的洞，经 1～2 天由此将苗引出地膜。双拱膜同样也是在幼苗 2.5 片叶时引苗。幼苗 3～5 片叶时及时间苗、定苗，去掉病苗、弱苗，缺苗时要及时补苗。如果地膜下有杂草长出，应及时用铁丝做成耙子除去杂草，并用干土封掩，防止再度出现杂草。

2. 施肥 一般中高等肥力地块，每亩施纯氮 150～210 千克、纯磷 90～150 千克、纯钾 90～130 千克；低等肥力地块，每亩施纯氮 120～150 千克、纯磷 60～90 千克、纯钾 70～90 千克。同时，每亩施优质有机肥 30 米^3。施肥方式：90% 磷肥、60% 钾肥、全部有机肥及 20% 氮肥作基肥；10% 磷肥作种肥，做到分层施用；80% 氮肥和 40% 钾肥作苗肥和穗肥追施，追肥深度 10 厘米以上。

3. 浇水 半干旱区鲜食玉米生育期内需要补水灌溉，浇水时要避开玉米盛花期。生产中应根据天气状况和土壤墒情变化，及时进行浇水和排水，收获前适当控水。

4. 病虫害防治 注意及时防治病虫害。

（四）适期采收

糯玉米鲜穗的收获期为乳熟期，也就是在玉米吐丝后的 20～25 天为最佳采收期，此时用手指按籽粒有弹性，划开籽粒有少量浆液溢出。甜玉米授粉后 20～23 天进入乳熟期，此时划开籽粒有大量浆液溢出。玉米果穗保鲜期很短，为保证其色、香、味醇正，宜在清晨采收，并做到当天采收当天上市或加工，采收至加工必须在 9 小时内完成。

第七章
鲜食玉米采后品质控制技术

鲜食玉米果穗采收时正值生长旺盛期，含水量较高，光合作用和呼吸代谢旺盛。果穗脱离母体后，光合作用终止，呼吸作用成为主要新陈代谢过程，必然要消耗籽粒内的有机物质和水分而使其食用品质下降。因此，生产中应了解鲜食玉米采收后的生理指标变化，以利于采取有效措施控制采后品质劣变。

一、鲜食玉米采后水分散失控制

影响鲜食玉米采后食用品质的生理因素很多，而且各个因素之间相互关联、相互影响。其中采后籽粒含水量、含糖量、含淀粉量等随温度和贮藏时间的变化最为显著。水分是鲜食玉米的重要组成成分，采后失水会造成鲜食玉米失重和新鲜度下降。不同的贮藏方式，如采收后的处理方法、是否预冷、苞叶的去留、涂膜或气调包装等均会对鲜食玉米水分含量有显著的影响。

（一）鲜食玉米采后水分含量变化

鲜食玉米采后的水分含量明显下降，变化过程主要表现为前高后低，采后的前 2 天水分变化幅度最大，以后则呈现逐渐下降趋势。分析采后 30 小时内的变化，鲜食玉米水分又表现出强烈的某一时间段下降更为快速的特征，带苞叶玉米的水分基本表现为采后 0～6 小时水分下降速度最快，而去苞叶后装入薄膜袋内则明显延缓了水分下降速度，表现为在采后 12～18 小时期间水分下降更为剧烈。这表明在采取保鲜措施时需把握合适的采后水分关键控制期，或采用薄膜等适当措施延缓水分的剧降。

（二）温度、苞叶对鲜食糯玉米采后水分含量的影响

鲜食玉米采后水分含量随温度变化而有较大改变，温度降低可以减缓水分散失速度。无论有无苞叶，室温放置过程中的玉米水分含量均低于低温条件下的水分含量。带苞叶贮藏的鲜食玉米水分含量下降相比去苞叶者速度更快，放置 8 天后水分含量明显低于去苞叶者，其表面黄化，失去贮藏价值。出现上述情况的原因，可能是由于苞叶的气孔多而大，并且已经木质化，使苞叶中的水分散失比籽粒容易得多。苞叶中的水分含量迅速降低，建立起由内到外的水分梯度，造成籽粒的水分向苞叶发生迁移，从而加速了籽粒水分的散失。这就表明，采收后短时间贮藏，采用去苞叶并合理包装更为合适。

（三）鲜食糯玉米水分变化与风味品质的关系

鲜食糯玉米水分变化与风味品质有着密切的关系。研究发现，对于正常采收时水分含量为 60% 左右的鲜食糯玉米，放置后水分含量下降至 55% 左右时，表现为籽粒皱缩、无光泽，食用时口感粗糙、无香味、渣多、黏性差，基本失去食用价值。这说明鲜食糯玉米采后放置过程中，5% 的失水量为其风味品质临界丧失点。

在一定范围内，水分含量与鲜食玉米风味品质呈现正相关关系，鲜食玉米的水分含量下降超过 5% 的则失去食用价值，因此保持水分含量是鲜食玉米保鲜的重要因素。而在水分急剧下降阶段之前，及时采取保鲜措施，是鲜食玉米保鲜的关键技术。

采后的鲜食玉米苞叶在高温条件下迅速黄化干缩，形成由籽粒到苞叶的水分梯度，造成籽粒水分被动性迁移，水分含量则迅

速降低。采取去除苞叶、装入带孔的薄膜袋，放置于低温环境中贮藏，短期内有助于延缓鲜食玉米的水分散失。

二、鲜食玉米采后甜味变化控制

玉米在生长过程中，叶片光合作用形成的蔗糖运输到果穗，并分解为果糖和葡萄糖，然后在籽粒的淀粉体中经过一系列酶的作用合成淀粉。总体来说，玉米授粉后籽粒所有的糖类组分含量均是升高到峰值后下降，总淀粉、支链淀粉和糖原含量也随着授粉后时间增长而增高，成熟期达到最高。

鲜食玉米自采摘后食用品质就开始劣化，甜度、柔嫩度、黏度以及香味均会随着时间流逝而变化，而这些食用品质的变化不是单一因素造成的，而是与糖类、酶类代谢相关联。研究发现，糖含量决定了甜味，支链淀粉含量与黏性相关。通过分析采后可溶性糖含量的变化，可以了解鲜食玉米甜味等食用品质的变化趋势。

（一）鲜食玉米采后总糖含量变化

鲜食玉米在生长过程中处于可溶性糖向淀粉转化的过程，合成代谢占据主导地位，淀粉含量增加。采后蔗糖由叶片向果穗的转运停止，淀粉、蔗糖、总糖的含量均会发生显著变化。总糖含量对于鲜食玉米的甜味品质具有重要影响，不同贮藏条件下鲜食玉米可溶性总糖含量均呈下降趋势，这说明采后由蔗糖向果糖、葡萄糖的转化仍在进行，由此可以推断合成代谢仍然是鲜食玉米采后的主要糖代谢形式。

不同贮藏条件下可溶性总糖含量变化有较大的差异，其中20℃贮藏条件下总糖在1～2天内基本呈直线下降，在第二天时含量只有采收初期的40%左右，此后在低含量水平下随贮藏时间延长其变化不大。0℃贮藏条件下在1～2天内变化不大，保持与采收初期基本相等的含量，从第三天起总糖含量开始下降，直至产品失去贮藏价值。比较 20℃ 和 0℃ 贮藏条件下的总糖含量可以发现，0℃ 贮藏条件下的总糖含量在采后各时间段均明显高于 20℃ 贮藏条件，这表明 0℃ 贮藏条件下可以显著地延缓可溶性总糖的转化进程，对保持鲜食玉米品质具有重要作用。

（二）鲜食玉米采后蔗糖含量变化

在 20℃ 和 0℃ 贮藏条件下鲜食玉米蔗糖含量总体呈较大幅度下降，20℃ 贮藏条件下在第三天时蔗糖含量又略有上升，0℃ 条件下第二天时蔗糖含量又略有上升，此后则逐步下降，直至产品失去贮藏价值。这表明，采后由蔗糖向果糖、葡萄糖的转化仍在进行，而由叶片向果穗的蔗糖转运终止，导致蔗糖含量逐步下降；下降过程中的蔗糖含量短暂升高则可能是由于在下降过程中的特定时间段内分解代谢处于主导地位，但不会根本改变整个变化趋势。比较 20℃ 和 0℃ 贮藏条件下蔗糖含量可以发现，0℃ 贮藏条件下蔗糖含量在采后各时间段均明显高于 20℃ 贮藏条件，这表明 0℃ 贮藏条件下可以显著地延缓蔗糖的转化进程，对保持鲜食玉米品质具有重要作用。

（三）鲜食玉米采后还原糖含量变化

玉米叶片中的蔗糖转运到果穗后，在穗轴、小穗柄和籽粒中分解为有利于卸载的果糖和葡萄糖等还原糖，因此还原糖含量随蔗糖的变化而有所改变。与采后蔗糖含量变化相似，还原糖含量在 20℃ 和 0℃ 贮藏条件下总体变化也呈现下降趋势，其中 20℃ 贮藏条件下下降趋势比较明显，表明 0℃ 贮藏条件下会适当延缓果糖、葡萄糖等向淀粉的转化进程。

研究结果显示，鲜食玉米在贮藏期间，没有发现明显的可溶性糖含量增加现象，说明鲜食玉米采后的代谢动态仍然以合成代谢为主。采后在 0℃ 低温条件下贮藏有助于延缓蔗糖向果糖、葡萄糖以及果糖、葡萄糖向淀粉转化进程，这为采取低温贮藏措施以提高鲜食玉米的食用品质、改进鲜食糯玉米的贮藏和加工技术提供了理论依据。

三、鲜食糯玉米采后黏性变化控制

鲜食糯玉米果穗采收离体后，蔗糖、还原糖等可溶性糖的含量迅速降低，会引起淀粉含量的相应改变。研究发现，糖含量决定了甜味，支链淀粉含量与黏性相关。通过分析采后淀粉含量及组成变化，可以了解鲜食糯玉米黏性等食用品质的变化趋势。

（一）鲜食糯玉米采后 20℃ 贮藏条件下淀粉含量变化

鲜食糯玉米的支链淀粉含量与黏性品质密切相关，而直链淀粉的存在则可能冲淡支链淀粉的作用，降低糯玉米所独有的黏滞特性，破坏适口性。

采后 20℃ 贮藏条件下总淀粉含量随着贮藏时间的延长呈现较大变化，在采后第一天淀粉含量略有升高，第二天变化不大，第三天出现较大程度下降，第四天又有所上升、达到第一天时的水平，同时还发现支链淀粉含量变化基本与总淀粉含量相近。而直链淀粉的含量变化与总淀粉含量、支链淀粉含量变化差异较大，直链淀粉采后第一天含量上升，此后变化不大，一直保持平稳。3 种淀粉含量在采后第一天均出现峰值，表明采后糖代谢进程仍然以合成代谢为主，不会在短时间发生翻转，第三天时合成进程出现下降，表明分解代谢短暂占据主导地位。但总体趋势上，合成代谢仍表现为鲜食糯玉米采后的主要糖代谢形式。

（二）鲜食糯玉米采后 0℃ 贮藏条件下淀粉含量变化

鲜食糯玉米采后在 0℃ 贮藏条件下，淀粉含量的变化与 20℃ 贮藏条件下的变化基本一致，总淀粉、支链淀粉均呈现先上升然后略有下降再上升的变化趋势，直链淀粉则基本表现为先上升再平稳的趋势。

0℃贮藏条件下总淀粉、支链淀粉含量低值的出现早于20℃贮藏条件，而直链淀粉的含量则一直高于20℃贮藏条件，但总淀粉、支链淀粉含量均略低于20℃贮藏条件，这表明0℃贮藏条件延缓了可溶性糖向淀粉的转化和直链淀粉向支链淀粉的转化。

比较直链淀粉与支链淀粉的变化可以发现，直链淀粉的升高和支链淀粉含量的降低，共同使得鲜食糯玉米的黏性品质趋向劣化，造成鲜食糯玉米在贮藏期间的黏滞特性下降，这是鲜食糯玉米采后黏性品质变化的总趋势。0℃贮藏条件下直链淀粉含量上升程度较低，支链淀粉下降程度较为缓慢，降低了品质下降速度。这为采取低温贮藏措施以提高鲜食糯玉米的食用品质、改进鲜食糯玉米的贮藏加工技术提供了理论依据。

四、鲜食糯玉米采后柔嫩度变化控制

鲜食糯玉米的食用品质主要表现为糯性、甜味和柔嫩性，其中柔嫩度是鲜食糯玉米品质育种与采后贮藏的关键指标。鲜食糯玉米采后却出现柔嫩度下降，食用品质劣化的现象。这种特性和糯玉米的生理结构存在一定的关联，已有研究表明柔嫩度与果皮厚度相关。

（一）鲜食糯玉米采后柔嫩度变化

适期采收的鲜食糯玉米煮熟后品尝，其果皮柔嫩，渣感不明显，表现了良好的柔嫩性。采后贮藏期间柔嫩度发生较大变化，果皮柔嫩度总体呈下降趋势，采后1～2天内变化不大，随后下降较快，随贮藏时间延长柔嫩度下降程度增大。

（二）贮藏温度对鲜食糯玉米采后柔嫩度的影响

通过对不同贮藏温度条件下的柔嫩度、胚乳细胞和果皮厚度的变化进行观察，发现5℃条件下，鲜食糯玉米的柔嫩度下降速度较慢，至贮藏期结束时柔嫩度仍可接受，渣略多，果皮稍硬；而在15℃条件下贮藏到第三天时，柔嫩度就下降至较低水平，至贮藏结束时渣感非常明显，且咀嚼时发硬，食用品质劣变明显。

五、鲜食玉米采后微生物侵染控制

鲜食玉米采后本来已经进入食用品质劣化的过程，一旦有微生物侵染，植物的应激反应将直接导致启动苯丙烷代谢机制，造成木质化进程加速，木质素大量积累则使鲜食玉米柔嫩度快速下降，从而失去食用价值。有研究发现，未经高温灭菌的鲜食玉米在30℃恒温保存条件下，贮藏至第五天时已经全部发霉变质；经过高温高压灭菌的则能明显延长鲜食玉米的保质期。因此，生产中应先了解鲜食玉米微生物的侵染规律，以采取有效措施控制微生物侵染。

（一）不同贮藏温度下病原菌侵染情况

鲜食玉米采后病原菌侵染情况如表7-1所示。

表7-1 鲜食玉米采后病原菌侵染情况分析

贮藏温度	编号	主要霉菌种类	采摘时总染菌籽粒数	5天后总染菌籽粒数
0℃	1	黄曲霉、纯绿曲霉、串珠镰刀菌	24	24
	2	黄曲霉、纯绿曲霉、串珠镰刀菌		
	3	黄曲霉、纯绿曲霉、串珠镰刀菌		
4℃	4	黄曲霉、纯绿曲霉、串珠镰刀菌	30	31
	5	黄曲霉、纯绿曲霉、串珠镰刀菌		
	6	黄曲霉、纯绿曲霉、串珠镰刀菌		

续表 7-1

贮藏温度	编号	主要霉菌种类	采摘时总染菌籽粒数	5天后总染菌籽粒数
20℃	7	黄曲霉、纯绿曲霉、串珠镰刀菌	21	53
	8	黄曲霉、纯绿曲霉、串珠镰刀菌		
	9	黄曲霉、纯绿曲霉、串珠镰刀菌		

鲜食玉米采后病原菌主要为霉菌，其中黄曲霉、纯绿曲霉和串珠镰刀菌为优势菌群，经分离认为病原菌主要来自田间污染，贮藏环境中染菌较少。因此，提高田间管理质量，降低田间染菌率，采取提前摘除病穗或收获时采取减菌措施，同时降低贮藏温度（4℃以下），对控制病原菌有较好的效果。

（二）病原菌侵染与贮藏品质的关系

病原菌侵染会严重影响鲜食玉米的货架期。20℃贮藏条件下贮藏5天，病原菌侵染率为92.4%、腐败穗率为38.7%，病原菌侵染会直接造成品质下降。通过温度调节控制病原菌侵染，是提高贮藏品质，避免食用品质过度、过早劣化的主要手段。

（三）鲜食玉米加工过程中微生物侵染分析

鲜食玉米速冻加工过程中由于长时间暴露于空气和水中，容易受到微生物侵染，易造成速冻产品的菌落总数超标。按照鲜食玉米速冻加工的工艺流程，分别取蒸煮、冷却、冷却后存放、成品4个样品，分析发现经过蒸煮之后基本不长菌；而经过冷却处理后，在冷却和冷却后存放这两个步骤所取样品上存在大量的菌体，其冷却水样本也检验出含有大量的细菌，这表明冷却水中菌体的大量滋生是因为冷水循环时富集了大肠杆菌等微生物。因此，生产中应该注意勤更换冷却水，或增加微生物过滤装置，避免水中营养物质富集而造成污染。

第八章

鲜食玉米加工技术

我国鲜食玉米总产量的 20% 直接用于鲜食，50% 用于速冻加工，其余 30% 为真空包装贮藏，总产值达到 100 亿元以上。鲜食玉米加工克服了地域性、季节性，满足了不同的消费需求，作为一种新型食品得到了较好的开发和利用。

一、鲜食玉米采后预处理

鲜食玉米乳熟期采收时呼吸强度大，由于光合作用停止，干物质不再增加，已经积累的各种物质，有的逐渐消耗于呼吸，有的则在酶催化下经历种种转化、转移、分解和重组合。同时，鲜食玉米在生理上经历着由幼嫩到成熟和衰老的过程，细胞和组织的形态、结构、特性等发生一系列变化。这些变化导致耐贮性、抗病性下降，水分、干物质等快速消耗，不仅营养成分损失大，还直接影响其风味和食用品质。

（一）工艺流程

原料采收→剥皮→去杂→分级整理→清洗→沥干→包装→预冷→装运销售

（二）操作要点

1. 原料采收 一般鲜食玉米要求鲜棒无虫蛀、无病变籽粒，穗型整齐，无严重缺粒，最佳采收时期为授粉后 22～26 天。

2. 剥皮、去杂、分级整理 剥去苞叶，去除花丝、秃尖及虫蛀部分，按产品要求进行分级和整理。一般按照穗长进行分级，可划分为 20 厘米以上、16～20 厘米、12～16 厘米等多个等级，也可进一步细分。整理时将秃尖、虫蛀、缺粒部分切掉，保持玉米棒上籽粒的整齐，避免出现断行、缺粒等情况。

3. 清洗、沥干 用清水洗净棒体，去除附着的花丝、杂质等。清洗完成后，在阴凉处沥干水分。

4. 包装 将沥干水分的玉米棒采用有托盘或无托盘方式进行覆膜包装，薄膜一般采用聚乙烯膜，可以防止水分散失，保持棒体清洁。

5. 预冷 将鲜食玉米棒放在阴凉通风的地方，通常在 2～8℃冷库中预冷 4～6 小时，以除去田间热，减慢呼吸速率，减少微生物侵袭，保持新鲜度。

6. 销售 预冷完成后直接装运，进入市场进行销售。运输和销售最好在低温环境下进行，以保证鲜食玉米品质。

（三）设备与投资概况

鲜食玉米采后预处理基本不需要投资，小批量生产的主要设备为保鲜膜覆膜机，其价格仅有几百元，保鲜膜、托盘购买也仅需要少量资金，因此生产规模可根据种植能力、销售能力和销售范围确定。

（四）产品特点与发展前景

鲜食玉米采后预处理属于产品粗加工，每穗玉米加工成本增加不超过 0.1 元，处理后产品外观干净、整齐，相对于未经过处理的带苞叶玉米穗，更能够吸引消费者购买，非常适合在商场、超市销售。在餐饮行业中由于鲜食玉米价格较低，也广受欢迎。

鲜食玉米采后预处理产品的缺点是销售期短，在冷藏条件下保鲜销售期为 7 天，常温条件下则只有 3 天。这种产品形式特别适合大中城市的郊区种植户或合作社等新型农业组织，通过简单粗加工可使产品增值 40% 以上。

二、鲜食玉米真空包装贮藏

真空包装，就是将鲜食玉米放在较厚的薄膜袋中，通过机械作用将袋中的空气抽除，形成真空袋。在真空状态保存下，有氧菌的活动大大减少，从而达到食品保鲜的目的。

（一）工艺流程

原料采收→剥皮→去杂→分级整理→清洗→蒸煮→冷却→沥干→真空包装→杀菌冷却→检查装箱→入库贮藏

（二）操作要点

1. 前期工序 采收、剥皮、去杂、分级整理、清洗等前期工序与鲜食玉米采后预处理方法相同。

2. 蒸煮 沸水煮 15～20 分钟，或用蒸汽蒸 40 分钟，要求玉米棒完全熟透。

3. 冷却 一般采用风冷等自然冷却方式，最好不要用水冷，以免滋生杂菌。

4. 真空包装 根据包装规格要求分别装袋，每袋装 1 穗或 2 穗，但不可过多，否则容易造成真空封闭不严。装袋完成后放入真空包装机内进行包装。

5. 杀菌冷却 对包装完成的产品，检查无漏气后进行高温高压灭菌，灭菌条件为升温 10 分钟、保温 25 分钟，然后打入反压进行冷却，杀菌温度一般为 119℃。

6. 检查装箱入库　降温结束后，打开杀菌锅，检查有无破袋并将破袋剔除，装箱置于常温库贮藏。

（三）设备与投资概况

真空包装速食玉米所需的生产设备为真空包装机和高温高压杀菌锅，投资规模可以根据种植能力、销售能力和销售范围确定。小规模生产对加工车间要求不高，有 50 米^2 足够，总体投资不超过 6 万元。

（四）产品特点与发展前景

真空包装速食玉米销售渠道主要为旅游景点、商场超市、餐饮行业及其他零售渠道。有条件的生产者也可以与大企业合作开展代加工生产和预约生产等形式，以减少生产成本。

真空包装速食玉米贮藏、运输和食用均较方便，产品保存期可长达 1 年以上。如果采用有精美印刷的包装袋，产品外观靓丽更利销售。目前市场销售形势看好，呈现逐年上升的趋势。投资可大可小，适于在广大农村发展。

三、鲜食玉米气调贮藏

鲜食玉米气调贮藏，就是通过适当降低空气中的氧气分压、提高二氧化碳分压，抑制玉米新陈代谢和微生物活动，延缓采后衰老进程，延长贮藏寿命和货架期。通过控制气体组成和保持适宜的低温，可以获得较好的贮藏效果。

（一）工艺流程

原料采收→剥皮→去杂→分级整理→杀菌→清洗→沥干→装袋→入冷藏库→贮存

（二）操作要点

1. 前期工序　原料采收、分级整理、清洗、沥干等前期工序与玉米采后预处理相同。

2. 预冷　将鲜食玉米在 2～8℃ 环境中进行预冷，以免装袋后产品温度和贮藏库温度相差过大，而造成表面水分蒸发，使细胞膨压降低，出现萎蔫现象。

3. 装袋　可采用专用鲜食玉米气调贮藏袋，装袋后封口即可。鲜食玉米气调贮藏方式有多种，如小型气调贮藏袋、气调大帐、气调贮藏库等。气调贮藏的适宜气体环境为：氧气 8%～10%、二氧化碳 3%～5%、空气相对湿度 85%～95%，过高或过低的气体浓度均会造成贮藏伤害。

4. 入库　将装袋后的玉米放入 2～8℃ 冷库中进行贮存。

5. 贮存　入库贮藏期间，需要每隔一段时间翻检 1 次，查看是否有霉变果穗，发现霉变果穗须立即将整袋玉米拿出库外处理，以免影响其他贮藏袋。目前鲜食玉米气调贮藏期可达到 60 天以上。

6. 加工销售　经过气调贮藏的鲜食玉米可直接进行加工，也可覆膜后进入商场、超市等市场销售。

（三）设备与投资概况

气调贮藏鲜食玉米主要设备为低温冷库，在目前各地冷库都有较大规模发展的情况下，可以进行租赁，不需要投资。只需要购买专用的气调贮藏袋或气调大帐即可，投资较小，适合于种植者和新型农村合作组织、小型企业发展。大型鲜食玉米加工企业为了延长加工季节，也可以发展气调贮藏库，进行规模贮藏，但气调贮藏库投资较大。

（四）产品特点与发展前景

气调贮藏鲜食玉米具有与刚采收玉米相似的产品品质和食用

方式，可直接覆膜销售，也可作为原料用于加工企业生产速冻产品、真空处理产品等。该方法极大地延长了鲜食玉米的保鲜期，可以将鲜食玉米加工期由 3 个月延长至 6 个月以上，大幅度提高企业的生产能力，降低了生产成本。

气调贮藏鲜食玉米产品口味好于真空或速冻加工产品，基本保持了鲜食玉米的清香，且价格较为低廉，产品保存期延长，市场销售形势良好。气调贮藏成本每穗不超过 0.15 元，在每年 11 月份至翌年 1 月份已无鲜采产品时供应市场，价格较高，因此气调贮藏鲜食玉米有着广阔的发展前景。

四、鲜食玉米棒速冻加工技术

速冻技术，就是将经过蒸煮的玉米冷却后，放入速冻机械或设施中，使其在低温条件下快速通过冰晶形成区，在最短的时间内将玉米粒冻结，最大限度地保存鲜食玉米的营养和新鲜。食用时于沸水锅中蒸煮，即可获得鲜玉米的口感和香气。

（一）工艺流程

原料采收→剥皮→去杂→分级整理→清洗→蒸煮→冷却→沥干→入速冻库（机）→出库包装→入库贮藏

（二）操作要点

1. 前期工序　原料采收、剥皮、去杂、分级整理、清洗、蒸煮等前期工序与鲜食玉米采后预处理相同。

2. 冷却　可以采用风冷、水冷等冷却方式，水冷时必须注意采用清洁水。风冷方式易使玉米表面皱缩，但风味相对较好。

3. 晾干　水冷方式冷却的玉米必须晾干或沥干后方可进入下一步操作，否则表面容易结冰。

4. 速冻　玉米棒体温度达到 20～30℃时，进入温度为 –30℃

以下的速冻机，或装盘放入速冻库。速冻机速冻时间为 15 分钟左右，然后进入速冻库彻底冻结，急冻间速冻时间一般为 10 小时左右，中心温度达到 –18℃时冻结完毕。

5. 出库包装　采用内塑外编的包装袋按规格包装，包装完后入库，贮藏库温度保持在 –18℃左右，尽量避免库温波动。

（三）设备与投资概况

速冻玉米投资较大，主要设备包括速冻机、蒸煮设备、冷冻库等，不适于个人投资，可以租赁的形式进行。有意向从事该项目的人员，只要周围有类似的加工厂，根据规模准备部分收购资金即可。

（四）产品特点与发展前景

速冻玉米销售渠道主要为旅游景点、商场超市、餐饮行业等，也可以采用小包装作为特产礼品销售，有条件的也可以采用代加工生产、预约生产等形式与大企业合作，以降低成本。

速冻玉米产品口味好于真空包装产品，基本保持了鲜食玉米的清香，而且价格较为低廉，产品保存期可长达 1 年以上，因此深受消费者喜欢。目前市场销售形势良好，高品质产品供不应求，呈现逐年上升的趋势。

五、鲜食玉米粒速冻加工

速冻玉米粒是将玉米脱粒后进行速冻而获得的产品，食用方便，贮藏成本低，是鲜食玉米加工的一个良好产品形式。速冻玉米粒生产可以与玉米棒生产相互补充，因此绝大多数速冻玉米棒加工企业均可开展速冻玉米粒业务。

（一）工艺流程

原料采收→剥皮→去杂→脱粒→漂洗→热烫→冷却→沥干→速冻→出库包装→入库贮藏

（二）操作要点

1. 前期工序　原料采收、剥皮、去杂等前期工序与鲜食玉米采后预处理相同。

2. 脱粒　采用鲜食玉米脱粒机进行，使颗粒保持完整。

3. 漂洗　采用流动水漂洗，除去花丝、破碎粒及杂质等。

4. 热烫　将玉米粒放入蒸煮锅或连续预煮设备中，热烫5～7分钟，将酶灭活，杀死部分微生物，排除组织中的部分空气。

5. 冷却　热烫完成后，立即将玉米粒放入冰水混合池中进行冷却，冷却后温度保持在5℃以下。注意冷却用水应该及时更换，以免造成菌落总数超标。

6. 沥干、速冻　将冷却后的玉米粒平铺在速冻机输送带上，通过振动输送沥干水分，再进入温度为–30℃以下的速冻机，采用流态床式单体速冻机进行速冻，避免颗粒之间粘连。

7. 入库贮藏　采用内塑外编的包装袋按规格包装，包装完后入库。贮藏库温度保持在–18℃左右，尽量避免库温波动。

（三）设备与投资概况

速冻玉米粒除增加了鲜食玉米脱粒机外，其余设备与速冻玉米棒相同。此外，速冻玉米粒对于单体冻结要求较高，因此应采用流态床式速冻机等单体速冻装置，而玉米棒一般在沥干后直接进入急冻间进行速冻。

（四）产品特点与发展前景

速冻玉米粒保持了鲜食玉米的清香，而且解冻快、食用方便，因此在制作菜肴时有广泛用途，很多传统菜肴在加入玉米粒后被赋予了新的风味，受到消费者欢迎。速冻玉米粒销售渠道主要为商场超市、餐饮行业等，近几年销量持续上升。

六、鲜食玉米罐头加工

玉米罐头是鲜食玉米开发的一种新形式，其营养丰富、口感滋润，具有良好的鲜食玉米滋味和气味，而且携带、贮存方便，保质期长，开罐即可直接食用，也可加工成各类美味佳肴，有着广泛的市场前景。

鲜食玉米罐头的主要固形物为玉米粒，按照颗粒的完整性可以分为整粒罐头和糊状罐头2种。整粒罐头颗粒完整，无破碎；糊状罐头则颗粒破损，成浆状。盛装容器有多种，玻璃罐、马口铁罐、蒸煮袋等都可以采用，其中蒸煮袋可以制作软罐头。

（一）工艺流程

原料采收→剥皮→脱粒→去杂清洗→（打浆）分级→预煮→装罐、排气密封→杀菌→冷却保温→出库包装→入库贮藏

（二）操作要点

1. 前期工序　原料采收、剥皮、脱粒、去杂清洗前期工序与速冻鲜食玉米相同。

2. 打浆　整粒玉米罐头不需要打浆；糊状罐头清洗后，用铲粒机的弧形刀切去籽粒脐部的2～3毫米，刮取剩余籽粒和胚芽部分而成浆状。

3. 分级　整粒罐头按照颗粒直径大小进行分级，8毫米以上为一级，6～8毫米为二级，6毫米以下为三级。

4. 预煮　整粒罐头在沸水中预煮10分钟，添加0.1%柠檬酸，预煮糖液浓度为10%；糊状罐头将浆状原料直接加入配好的

精盐混合液中进行预煮，配方为玉米粒（浆）40千克、水100升、盐3千克、糖2千克，预煮时间15～20分钟。

5. 装罐、排气密封 将预煮后的原料马上装罐，并采用真空封罐辅助排气。每罐装量根据需要确定，可以采用旋盖玻璃罐或6104涂料罐。制作玉米粒软罐头时采用厚度为8～10毫米、耐高温蒸煮、可热合封口的透明蒸煮袋。

6. 杀菌、冷却 对装罐完成的产品进行高温高压灭菌，灭菌条件为升温15分钟，保温20分钟，然后打入反压进行冷却，杀菌温度一般为121℃。杀菌结束后应尽快使罐头冷却至38℃以下。

7. 擦罐、保温检验、包装入库 擦干罐头表面的水分，立即送入37℃的保温库内。保温处理5天，检验剔除不合格产品，包装入库或出售。

（三）设备与投资概况

玉米罐头生产对于罐头食品厂来说，可以不添加任何设备；对于没有罐头生产条件的企业，可以自己投资。主要设备为连续式预煮机、杀菌设备、封罐设备等，投资预算可根据生产规模、生产能力和种植能力确定，属于规模较小的投资项目。

（四）产品特点与发展前景

玉米罐头产品呈白色、淡黄色或金黄色，无杂色，具有鲜食玉米特有的风味及滋味，口感细腻，无异味。整粒罐头要求籽粒大小一致，软硬适度；糊状罐头则要求呈均匀糊状，具有一定流动性，理化指标与微生物指标达到国标要求。

玉米罐头销售渠道主要为餐饮行业、商场超市、旅游景点等，餐饮消费是最主要的消费形式。玉米罐头由于价格较低，口感较好，是大多数饭店的必备采购产品，也有很多家庭购买。

玉米罐头是鲜食玉米产品中的新生代，目前生产数量还较少。良好的口感、简单的贮运条件、低廉的价格，使其发展前景较其他加工形式的产品更为广阔。

七、鲜食玉米饮料加工

玉米饮料是鲜食玉米开发的又一种为广大消费者所乐于接受的新产品形式。以新鲜玉米籽粒为原料，经过酶解处理，将淀粉转化为糖，保持了鲜食玉米天然的风味和营养价值，口感柔和、清爽，风味浓郁，是鲜食玉米产品开发的一个重要方向，有着广阔的市场前景。

（一）工艺流程

原料采收→剥皮→脱粒→去杂清洗→打浆→磨浆→酶解→过滤→调配→均质→杀菌→冷却保温→出库包装→入库贮藏

（二）操作要点

1. 前期工序　原料采收、剥皮、脱粒、去杂清洗等前期工序与真空速食产品相同。

2. 打浆　对经过清洗的玉米粒按照 1 : 4（粒 : 水）进行打浆处理，采用 40 目的筛子过滤。

3. 磨浆　采用胶体磨进行磨浆处理，进一步提高颗粒细度。

4. 酶解　将浆液倒入夹层锅中加热至 60℃，加入 0.6%～0.8% 的 α- 淀粉酶，保温 60 分钟，促进淀粉液化。

5. 过滤　采用 120 目滤布过滤，去掉不溶性固形物，获得澄清滤液。

6. 调配　按照配方加入适量的稳定剂、乳化剂改进产品质构。一般加入的蔗糖为 5%～7%、柠檬酸为 0.02%～0.03%、羧甲基纤维素钠为 0.05%～0.07%、蔗糖酯为 0.03%～0.05%、异维生素 C 钠为 0.02%～0.03%，加热至 60℃后，混合均匀。

7. 均质　将所得浆液在 40 兆帕压力下进行均质，以获得结构稳定的饮料。

8. 杀菌　均质后的浆液马上装罐，并采用真空封罐辅助排气。每罐装量根据需要确定，可以采用旋盖玻璃罐或 6104 涂料罐。对装罐完成的产品，进行高温高压灭菌，灭菌条件为升温 15 分钟，保温 20 分钟，然后打入反压进行冷却，杀菌温度一般为 121℃。杀菌结束后应尽快使罐头冷却至 38℃以下。

9. 擦罐、保温检验、包装入库　罐体擦干水后，在 37℃的保温库内保温处理 5 天，检验剔除不合格产品，包装入库或出售。

（三）设备与投资概况

玉米饮料生产设备均为饮料生产企业通用性设备，一般的饮料生产企业不需添加任何设备。对于没有饮料生产条件的企业，可以自己投资，投资时应注意设备的通用性，投资预算可根据生产规模、生产能力和种植能力确定。

（四）产品特点与发展前景

玉米饮料一般采用黄色鲜食玉米籽粒，产品呈金黄色，口感柔和细腻，具有玉米特有的香味，酸甜适中，风味及滋味协调，无异味；组织状态均匀，无杂质，呈均匀的乳状液体，稳定不分层。

与采用普通玉米干籽粒对比，鲜食玉米饮料更具有天然的玉米香味，新鲜自然，因此更容易受到消费者的喜爱。由于玉米特有的滋味和健康价值，玉米饮料近年来受到广泛的欢迎，在餐饮行业、商场超市中都有较高的消费需求。目前以鲜食玉米为原料生产的玉米饮料数量还较少，属于大力发展的鲜食玉米产品。

八、鲜食玉米发酵饮料加工

鲜食玉米发酵饮料是将鲜食玉米中的淀粉糖化，作为乳酸菌的发酵底物而获得的浓型饮料。产品充分利用鲜食玉米丰富的营养成分，以新鲜玉米籽粒为原料，经过酶解处理，将淀粉转化为糖，保持了鲜食玉米天然的风味和营养价值，膳食纤维含量高，经过发酵处理后，口感酸甜、清爽，风味浓郁。

（一）工艺流程

原料采收→剥皮→脱粒→去杂清洗→打浆→磨浆→酶解→杀菌→接种发酵→调配→包装→入库贮藏

（二）操作要点

1. 前期工序　原料采收、剥皮、脱粒、去杂清洗工序与真空速食产品相同。

2. 打浆　对经过清洗的玉米粒按照 1：1（粒：水）进行打浆处理。

3. 磨浆　采用胶体磨进行磨浆处理，进一步提高颗粒细度。

4. 酶解　将浆液倒入夹层锅中加热至 60℃，加入 0.6%～0.8% 的 α-淀粉酶，保温 60 分钟，促进淀粉液化。

5. 杀菌　将液化后的浆液进行杀菌处理，杀菌温度为 90℃，灭菌时间为 20 分钟，灭菌后将浆液冷却至 40℃。

6. 接种发酵　发酵菌种为保加利亚乳杆菌和嗜热链球菌按 1：1 的混合菌，在冷却的浆液中接种后，在 40℃恒温条件下培养 8～12 小时，然后在室温下后熟 4 小时。

7. 调配、包装　加入 3%～5% 的蔗糖调整糖酸比，装瓶或装袋后即为成品。

（三）设备与投资概况

玉米发酵饮料生产设备均为饮料生产企业和乳品加工企业通用性设备，具有上述生产能力的企业不需添加任何设备。没有上述生产条件的企业，可以自己投资，投资时应注意设备的通用性，投资情况根据生产规模、生产能力和种植能力确定。

（四）产品特点与发展前景

玉米发酵饮料采用鲜食玉米浓浆发酵，鲜食玉米中的主要营养成分特别是可溶性膳食纤维得以保留，部分营养成分经过发酵后营养更加丰富。若采用不同颜色原料制取产品，色彩更为艳丽，可增进消费者食欲。鲜食玉米饮料口感柔和细腻，具有玉米特有的香味，酸甜适中，而且组织状态均匀、无杂质，呈均匀的乳状液体，稳定不分层。由于迎合了消费者对营养健康和口味佳的需求，同时生产规模可大可小，投资规模可根据生产能力、销售能力确定，因此市场发展前景看好。

九、鲜食玉米酸奶加工

鲜食玉米中含有丰富的可溶性膳食纤维、低聚糖等益生性组分，经常食用对于改善肠道菌群结构具有重要价值。将鲜食玉米与牛奶复合后接种乳酸菌发酵，可充分利用鲜食玉米的益生组分，添加的牛奶提升了产品的营养价值，而发酵所产生的独特风味与鲜食玉米的风味相结合，使得产品更受消费者喜爱。

（一）工艺流程

原料采收→剥皮→脱粒→去杂清洗→打浆→磨浆→酶解→混合→杀菌→接种发酵→调配→包装→入库贮藏

（二）操作要点

1. 前期工序　原料采收、剥皮、脱粒、去杂清洗等前期工序与真空速食产品相同。

2. 打浆　对经过清洗的玉米粒按 1 : 3（粒 : 水）进行打浆处理。

3. 磨浆　采用胶体磨进行磨浆处理，进一步提高颗粒细度。

4. 酶解 浆液倒入夹层锅中加热至 37℃，加入 100 微克 / 克普鲁兰酶处理 30 分钟，以脱去 α-1, 6- 糖苷键；加热至 60℃后，再加入 0.6% ～ 0.8% 的 α- 淀粉酶，保温 60 分钟，以促进淀粉液化。

5. 混合 将原料乳与浆液按 1∶1.5 比例进行混合，搅拌均匀。

6. 杀菌 将混合后的浆液进行杀菌处理，杀菌温度为 90℃，灭菌时间为 20 分钟，灭菌后将浆液冷却至 40℃。

7. 接种发酵 发酵菌种为保加利亚乳杆菌和嗜热链球菌，按 1∶1 的比例混合，冷却的浆液接种后，在 40℃恒温条件下培养 8 ～ 12 小时，完成后室温条件下后熟 4 小时。

8. 调配、包装 加入 3% ～ 5% 蔗糖调整糖酸比，装瓶或装袋后即为成品。在 4℃条件下冷藏贮存或销售。

（三）设备与投资概况

玉米酸奶生产设备为乳品加工企业通用性设备，具有乳品生产能力的企业不需添加任何设备。具备生产条件的企业，可以自己投资，投资时应注意设备的通用性，投资情况根据生产规模、生产能力和种植能力确定。

（四）产品特点与发展前景

玉米酸奶以鲜食玉米为主要原料，添加牛奶后实现了营养均衡。通过乳酸菌发酵形成的独特质地，配合以鲜食玉米的新鲜口味，特别是充分利用了鲜食玉米中的可溶性膳食纤维和低聚糖对于乳酸菌的增殖作用，使得玉米酸奶具有独特的风味和功能活性。此外，若采用不同颜色原料获制取产品，色彩更为艳丽，可增进消费者食欲；而且其产品口感柔和细腻，具有玉米特有的香味，酸甜适中，组织状态均匀，无杂质，呈均匀的乳状液体。

玉米酸奶具有天然的玉米香味和酸甜适口的滋味，添加牛奶提供了优质蛋白质，因此更容易受到消费者的喜爱。该类产品由于迎合了消费者对健康、口味和营养的需求，而且生产规模可大可小，因此市场发展前景看好。

十、鲜食玉米营养粥加工

鲜食玉米乳熟期采收时可溶性糖含量高、淀粉 α - 化程度高、籽粒清香，食用时口感黏软，但营养较为单一。根据我国传统的粮豆互补理念，补充以豆类等食品原料，在获得良好口感的同时，保证了良好的营养组成。

（一）工艺流程

原料采收→剥皮→脱粒→去杂清洗→破碎→加入辅料→煮制糊化→装罐、脱气→杀菌→冷却→检验→入库贮藏

（二）操作要点

1. 前期工序 原料采收、剥皮、脱粒、去杂清洗等前期工序与真空速食产品相同。

2. 破碎 清洗玉米粒并除去不规则籽粒，然后进行破碎，除去漂浮在表面的皮渣。

3. 加入辅料 按照粮豆互补要求，加入清洗、浸泡好的花生、芸豆、莲子、去核红枣、胡萝卜、枸杞等辅料，加入比例可根据不同品种的需求确定，总体加入量应不超过玉米粒重量的50%。

4. 煮制糊化 将加入辅料的玉米粒放入夹层锅内煮制至黏稠状态，使淀粉充分糊化，以赋予良好的口感。煮制接近完成时加入适量蔗糖，以调节口味。

5. 装罐脱气 罐装量根据需要而定，一般采用6104涂料罐，装罐后采用真空封罐辅助排气。

6. 杀菌、冷却 杀菌条件为升温15分钟，保温20分钟，

然后打入反压进行冷却，杀菌温度一般为121℃。杀菌结束后应尽快使罐头冷却至38℃以下。

7. 擦罐、保温检验、包装入库　罐体擦干水后，放入37℃保温库内，保温处理5天。然后检验剔除不合格产品，包装入库或出售。

（三）设备与投资概况

玉米营养粥适合粥类加工企业生产，生产中多采用食品加工企业通用性设备，专用性设备较少，因此一般加工企业均可进行生产。生产原料除采用新鲜的鲜食玉米外，也可采用速冻糯玉米粒，以延长生产季节。

（四）产品特点与发展前景

玉米营养粥原料及辅料均为天然产品，口感清香自然，具有浓浓的玉米香味。若采用不同颜色玉米搭配制取的产品，色彩更为艳丽，产品口感柔和细腻，可增进消费者食欲。多种粮豆搭配，实现了营养均衡、全面，是老少皆宜的滋补食品。

目前粥类产品众多，但大多为八宝粥类产品。玉米营养粥以新鲜玉米粒为原料，天然清香、甜糯适口，因此更受消费者喜爱。该类产品由于迎合了消费者对营养健康和口味佳的需求，而且生产规模可大可小，适合不同生产能力的生产者，因此市场发展前景看好。

十一、鲜食糯玉米面条加工

鲜食糯玉米相对于完熟的糯玉米或普通玉米，除淀粉和维生素E略低于完熟玉米外，其余营养成分均高于或远高于完熟玉米；更重要的是鲜食玉米是一种全谷物食品。目前，全谷物的健康价值已经获得了广泛认可。

面条在我国有着悠久的历史，深受我国人民喜欢。面条产品种类繁多，目前也有玉米面条上市，但大多数是以脱皮玉米粉为添加物，添加到小麦粉中；也有部分专利是将脱皮玉米粉挤压后直接生产面条，但以鲜食糯玉米为主要原料生产的面条产品还较为少见。

（一）工艺流程

　　原料采收→剥皮→脱粒→去杂清洗→打浆→沉淀→磨浆→加入小麦粉、辅料混合→和面→熟化→轧片→切条→成品

（二）操作要点

　　1. 前期工序　原料采收、剥皮、脱粒、去杂清洗等前期工序与真空速食产品相同。

　　2. 打浆　将经过清洗的糯玉米粒用打浆机进行打浆处理。

　　3. 沉淀　打浆后所得产物引入沉淀槽中，按 1∶3 重量比例加入水，按 0.2～0.5 克／千克加入维生素 C，搅拌混合均匀后静置 30 分钟，除去残存花丝等杂质。

　　4. 磨浆　过滤除去大颗粒杂质，升温至 45℃；然后送入胶体磨中制浆，制浆次数为 2 次，每次浆料温度均保持在 45℃，第一次制浆胶体磨磨齿间隙 18 微米，第二次制浆胶体磨磨齿间隙 10 微米，最终使细度达到 50 微米以下。

　　5. 混合　按照小麦粉 50～80 份、鲜食糯玉米籽粒 20～50 份、食用盐 1～5 份的比例，混合均匀。

　　6. 和面、熟化、轧片、切条　按照挂面生产工艺，完成和面、熟化、轧片和切条工序，根据需要可以制成生切面、冷冻面、挂面等成品面条。

（三）设备与投资概况

　　鲜食糯玉米面条生产对于挂面、鲜切面加工企业，不需添加

任何设备，作为花色品种生产即可。对于没有挂面生产条件的企业，可以自己投资，更适于生产鲜切面，挂面和冷冻面的生产投资较大。

（四）产品特点与发展前景

鲜食糯玉米与小麦粉复合生产全谷物面条，由于鲜食糯玉米膳食纤维含量丰富，营养价值也高于成熟玉米，鲜食糯玉米添加到小麦粉中时采用加水磨浆工艺，其反应温度较低，避免了谷物制粉过程中因过高升温而降低了营养价值和产品风味。因此，鲜食糯玉米与小麦粉复合生产的全谷物面条，具有营养保健价值高、谷物风味浓郁、色彩丰富的特点，是一种具有良好发展前景的面条制品。

十二、鲜食糯玉米粽子速冻加工

我国传统饮食习惯是以糯米为原料制作粽子。糯玉米蛋白质、脂肪等成分含量较高，与糯米相比其蛋白质、氨基酸含量分别比糯米高 2.75% 和 0.83%～1.07%，营养价值明显高于糯米；加工产品不仅色泽好，而且营养均衡，具有较好的适口性和较高的黏滞性，消化率也明显高于糯米。同时，玉米中含有大量的卵磷脂、亚油酸、维生素 E，对预防高血压和动脉硬化具有良好的效果，这也是糯米所无法比拟的重要保健价值。

（一）工艺流程

原料采收→剥皮→脱粒→去杂清洗→破碎→加入辅料→包制→煮制糊化→冷却→速冻→检验→入库贮藏

（二）操作要点

1. 前期工序 原料采收、剥皮、脱粒、去杂清洗等前期工序与真空速食产品相同。

2. 破碎 糯玉米粒清洗并除去不规则粒，然后进行破碎，除去漂浮在表面的皮渣。

3. 加入辅料 按照粮豆互补理念，根据不同口味加入事先清洗、浸泡好的花生、芸豆、莲子、去核红枣等辅料。加入比例根据不同品种的需求确定，但总加入量应不超过糯玉米粒重量的50%。再加入原料和辅料总重量0.3%～0.5%的羧甲基纤维素钠，混合均匀。

4. 包制 将浸泡柔软的粽叶展开，放入混合均匀的物料并包裹、折叠好，以线状材料捆扎，要求捆扎结实，不露出包裹物料。

5. 煮制糊化 将包好的粽子放入夹层锅内煮制至熟透，使淀粉充分糊化，以赋予其良好的口感。

6. 冷却、速冻 将煮制完成的粽子进行冷却，冷却过程中注意防止微生物污染。温度冷却至20～30℃时，装盘放入温度为−30℃以下的速冻库，急冻间速冻时间一般为10小时左右，中心温度达到−18℃时冻结完毕。

7. 出库包装 采用内塑外编的包装袋按规格包装，包装完后入库，贮藏库温保持在−18℃左右，尽量避免库温波动。

（三）设备与投资概况

鲜食糯玉米粽子生产，对于粽子加工企业和速冻食品加工企业可以不需添加任何设备，作为花色品种生产即可。没有粽子生产经验和速冻加工能力的企业，则需要较大投资，可以考虑生产即食型糯玉米粽子。

（四）产品特点与发展前景

糯玉米粽子克服了糯米粽子口感单一、成本高而营养价值低的缺陷，使粽子不仅有糯米的黏性，还有玉米的清香味，而且成本低，营养更丰富。若采用不同颜色糯玉米搭配制取产品，色彩更为艳丽，可增进消费者食欲，产品口感柔和细腻。多种粮豆搭配，实现了营养均衡全面，是老少皆宜的滋补食品。

由于鲜食糯玉米膳食纤维含量丰富，鲜食糯玉米粽子营养价值高于糯米，而且风味浓郁，更容易受到消费者喜爱，是一种具有良好发展前景的鲜食糯玉米深加工产品。

参考文献

[1] 曾三省. 鲜食糯玉米的利用 [J]. 中国蔬菜，2001（6）：41-42.

[2] 郭庆法，王庆成，汪黎明. 中国玉米栽培学 [M]. 上海：上海科学技术出版社，2004.

[3] 刘鹏，胡昌浩，董树亭，等. 甜质型与普通型玉米籽粒发育过程中糖代谢相关酶活性的比较 [J]. 中国农业科学，2005，38（1）：52-58.

[4] 彭泽斌，田志国. 我国糯玉米产业现状与发展战略 [J]. 玉米科学，2004，12（3）：116-118.

[5] 李惠生，董树亭，高荣岐. 鲜食玉米品质特性研究概述 [J]. 玉米科学，2007，15（2）：144-146.

[6] 王娜，史振声，王志斌，等. 甜玉米品质研究进展 [J]. 玉米科学，2007，15（6）：47-50.

[7] 王心星，荣湘民，张玉平，等. 以玉米为主的作物间套作模式效果研究进展 [J]. 中国农学通报，2015，31（9）：13-19.

[8] 高杨. 玉米花生间作模式技术研究 [J]. 现代农业，2017（6）：50.

[9] 宋日，牟瑛，王玉兰，等. 玉米、大豆间作对两种作物根系形态特征的影响 [J]. 东北师大学报：自然科学版，2002，34（3）：83-86.

[10] 唐劲驰，Ismael A M，余丽娜，等. 大豆根构型在玉米／

大豆间作系统中的营养作用 [J]. 中国农业科学，2005，38（6）：1196-1203.

[11] 李河旺，张冬菊，李晓瑞，等. 耐荫型大豆与紧凑型玉米间作模式与推广前景分析 [J]. 农业技术，2008（6）：31.

[12] 范元芳，刘沁林，王锐，等. 玉米—大豆带状间作对大豆生长、光合荧光特性及产量的影响 [J]. 核农学报，2017，31（5）：972-978.

[13] 王树立. 大豆与玉米间作高产栽培配套技术 [J]. 现代农业科技，2009（4）：188.

[14] 罗春新，胡萍，胡正荣. 玉米大豆间作高产栽培技术 [J]. 农村实用技术，2014（11）：28-29.

[15] 肖关丽，龙雯虹，赵鹏，等. 玉米—甘薯间作的光合效应及产量研究 [J]. 云南农业大学学报，2013，28（1）：52-55.

[16] 诸田芬，徐明时，朱金庆. 甘薯与玉米套栽共生期长短对甘薯生长的影响 [J]. 浙江农业科学，1993（6）：256-257.

[17] 肖继坪，颉炜清，郭华春. 马铃薯与玉米间作群体的光合及产量效应 [J]. 中国马铃薯，2011，25（6）：339-341.

[18] 黎敦涌，谢慧敏，黄燕，等. 河池市"玉米—红薯"轮作模式下红薯高产栽培技术 [J]. 南方园艺，2017，28（3）：33-34.

[19] 宋红军. 地膜马铃薯套种玉米高产栽培新模式 [J]. 现代畜牧科技，2017（7）：61.

[20] 卢成达，郭志利，李阳，等. 旱地玉米间作马铃薯模式不同行比配置生理生态及经济效应研究 [J]. 中国农学通报，2015，31（33）：67-73.